Der Führer

in die

Lebermoose und die Gefäßkryptogamen.

(Schachtelhalme, Bärlappe, Farne, Wurzelfrüchtler.)

Von

Paul Kummer.

Mit 83 Figuren auf 7 lithographirten Tafeln.

Zweite umgearbeitete Auflage.

Berlin.

Verlag von Julius Springer.

1901.

ISBN 978-3-642-90001-3 ISBN 978-3-642-91858-2 (eBook)
DOI 10.107/978-3-642-91858-2

Softcover reprint of the hardcover 2nd edition 1901

Druck der Kgl. Universitätsdruckerei von H. Stürtz in Würzburg.

Vorwort zur zweiten Auflage.

Für diese II. Auflage bin ich bemüht gewesen, die Bestimmungstabellen vielfach noch bequemer und sicherer zu machen; auch habe ich noch einige Gattungen und Arten hinzugefügt, so daß die Lebermoose und Gefäßkryptogamen des deutschen Gebietes und der Alpen nun möglichst vollständig in dem Buche enthalten sind. Dasselbe schließt sich meinen früher herausgegebenen Handbüchern über die Kryptogamen [1]) an und ist auch nach denselben Grundsätzen verfaßt.

Möge der Reiz all dieser Kryptogamen ihnen auch fernerhin durch dieses Buch immer mehr botanische Freunde gewinnen; damit wäre der Zweck des Verfassers erreicht.

Münden, 10. Juli 1901.

Der Verfasser.

[1]) Der Führer in der Pilzkunde. Zweite Auflage. 1882.
— — — — die mikroskopischen Pilze. 1884.
— — — — Mooskunde. Dritte Auflage. 1891.
— — — — Flechtenkunde. Zweite Auflage. 1883.

Inhalt.

Erste Abtheilung.

Lebermoose.

Einleitung.

Die Lebermoose (Musci hepatici) sind im Verhältniß zu den ihnen nächstverwandten Laubmoosen oder eigentlichen Moosen nach Artenzahl sowie Verbreitung allerdings ein mäßiges Pflanzengeschlecht. Sie geben der Landschaft nirgends ein eigentliches Gepräge, wie es doch die teppichbildenden und malerisch die Baumstämme und Gesteinsblöcke überkleidenden Laubmoose und Flechten thun. Ja, sie sind ohne besondere Aufmerksamkeit sogar leicht zu übersehen, so daß mancher mit Wald und Flur vertraute Naturfreund sie noch gar nie beachtete und nur eine ziemlich unklare Vorstellung mit dem Namen Lebermoose zu verbinden weiß.

Um so mehr fesseln sie das Interesse insbesondere des Botanikers durch die überraschend reiche und nette Ausgestaltung aller ihrer Theile. Denn es waltet sowohl in der ganzen Form dieser Pflänzchen als auch in dem absonderlichen Bau der Stengel, Blätter und Früchte eine reizvolle Zierlichkeit, wie solche in der ganzen übrigen Pflanzenwelt kaum sich wiederfindet. Dazu offenbart an ihnen sich eine Originalität, die in der That so überraschend ist, daß man bei einer flüchtigen Kenntnißnahme wohl meinen möchte, es seien das völlig andere Gebilde als die ihnen verwandten eigentlichen musci. Die Lebermoose sind auch unter sich wieder so verschieden, daß es den Anschein gewinnt, es seien die verschiedensten kryptogamischen Grünpflänzchen, welche man anderswo nicht habe im Pflanzensystem unterzubringen gewußt, eben als Lebermoose zusammengefaßt. Solche auffällige Vervielen Autoren daher als besondere Abtheilung beurtheilte Gattung Targionia, bei welcher die Früchte stiellos und einzeln an den Lappenzipfeln sitzen.

4. Jungermanniaceen.

Die Jungermanniaceen sind die artenreichste Gruppe der Lebermoose. Ausgezeichnet durch eine Zierlichkeit ohne Gleichen im Habitus ihres reich beblätterten Stengels, aus dessen Gipfel die von zartesten Stielchen getragenen braunen Fruchtsterne sprießen, sind sie die Lieblinge jedes Hepatikologen, und ihr Studium gehört zu den fesselndsten botanischen Beschäftigungen.

Vor Allem in Gebirgen fehlen sie nirgends und sind daselbst stellenweise sogar in vorwiegender Weise die Vertreter der Mooswelt überhaupt, denn sie lieben feuchte und möglichst geschützte Oertlichkeiten. Besonders in engen Thalgründen, wilden Schluchten, moorigen Niederungen, in der Nähe von Cataracten und Quellwassern können wir sie daher genugsam finden; zumal wo Farrne und Bärlappe üppig gedeihen, mit denen sie ziemlich gleiche Bedingungen der Existenz haben, werden wir sie selten vergeblich suchen. Es stehen durch solche Beschränkung des Vorkommens die Lebermoose in einem auffälligen Gegensatz zu den Laubmoosen, welche letztere an jedweder Oertlichkeit vertreten sind, auch auf sonnigsten trockensten Plätzen und sterilstem Boden sich überall vorfinden, wo wir fast niemals ein Lebermoos entdecken werden. So haben wir die Jungermanniaceen denn zu suchen vor Allem an triefenden Felsen, an schattigen moosigen Felsblöcken und zwischen feuchtem, mit Humus mehr oder minder bedecktem Geröll und Getrümmer, an und in Wasserfällen, klaren raschen Waldbächen und um rieselnde Quellen her; ebenso in Wäldern, an wenig betretenen Wegen, besonders an feuchten Hohlwegen, aufgeworfenen Gräben, auf holperigen gebüschigen Hügelungen, um die morschen Baumstümpfe. Zum Theil freilich wollen sie da recht achtsam gesucht sein, denn manche Arten überschleiern den Boden nur wie ein zarter grüner Anflug, andere wachsen als kleine Häufchen unscheinbar umher, welche das Auge leicht übersieht; aber wieder andere Arten bekleiden mit frischem Grün, welches hie und da auch wohl braun und röthlich überhaucht ist, weithin den Boden oder die Felsen als dichter Rasen, oder treten auf ansehnlichen Strecken als üppig schwellende Polster auf. Wiederum sind sie häufig andern Moosrasen zerstreut eingemischt, oder mehrere Arten wachsen gesellschaftlich durcheinander.

Nur einige Arten treffen wir auch an recht trockenen Standorten, etwa in sandigen Kiefernwäldern oder an festgetretenen, besonders lehmsandigen Wegrändern. Wieder andere Arten kommen fast ausschließlich an alten Baumrinden vor. Ja, es ist kaum eine irgendwie feuchte oder nur schattige Lokalität, an welcher wir nicht Jungermanniaceen vermuthen könnten, wenngleich wir durch Erfahrung erst allmälig lernen werden, wo wir sie vor Allem zu suchen haben.

Das Bestimmen einer Jungermannia verlangt nun aber eine vorhergehende sorgfältigste Betrachtung derselben, wobei wir eine recht scharfe Lupe nicht entbehren können, das Mikroskop dagegen seltener nöthig haben. Diese Untersuchung betrifft 1. die Beblätterung des Stengels sowie auch dessen eigene Beschaffenheit (Stellung, Bewurzelung, Verzweigung, Länge), 2. die Frucht und was zu ihr gehört (Hüllblätter, Blüthendecke, Haube, Fruchtstiel, Büchse, Schleudern).

a) Stengel und seine Beblätterung.

Bei einer kleinen Anzahl von Jungermanniaceen ist Stengel und Blatt noch laubartig (thallodisch) verschmolzen, so daß dieselben im nicht fruchtenden Zustand kaum dafür gehalten werden möchten. Nur durch ihre Früchte erweisen solche sich in jeder Beziehung als Jungermanniaceen.

Die Stengel aller durch Beblätterung höher organisirten Jungermanniaceen sind zweizeilig beblättert[1]). Sie er=

[1]) Nur bei einigen wenigen Arten findet eine 3=zeilige Beblätterung statt, z. B. Jungermannia setacea.

halten dadurch (je nach der Richtung, Anfügung und Deckung der Blätter) entweder ein schuppenbänderiges, wedelartig-flaches, stielrundliches oder kettenförmiges Aussehen, wodurch sie sich auch für den Anfänger schon charakteristisch genug von den Laubmoosen unterscheiden. Sie sind entweder kerzengerade aufrecht und bilden dann gleichhohe lockere oder dichte Polster und Rasen; oder sie sind niederliegend oder niedergestreckt, dann auch meist schlängelig kriechend und der Unterlage bis in die Spitzen festwurzelnd angedrückt; oder sie sind liegend-aufsteigend, also mit aufgerichteten Spitzen und Zweigen.

Der Stengel ist entweder einfach oder gabelig, fiederig oder völlig unregelmäßig verzweigt. Außerdem haben wir oft noch besondere Sprossungen zu beachten, welche vom Grunde oder der Mitte oder dem Gipfel des Stengels ausgehen und meist ein ganz absonderliches Aussehen haben, vor Allem geilverlängert und entfernt- und winzig-beblättert sind. Wir unterscheiden die Sprossungen a) als Innovationen, welche dicht unter dem Stengelgipfel oder aus diesem selbst entspringen, gewissermaßen dessen verdünnte Verlängerung sind und bei nicht wenigen Arten sich vorfinden; b) Ausläufer (oder Flagellen), welche am Grunde oder in der Mitte des Stengels ihren Ursprung haben und zaserartig oft weit umherschweifen oder die Stengel durchwindend dieselben zuweilen dicht miteinander verfilzen. Diese Ausläufer sind entweder aufsteigend-umherschweifend, oder sie senken sich im Bogen in die Erde und wurzeln daselbst.

Beim Stengel selbst müssen wir nun vor Allem dessen Vorderseite und Rückenseite unterscheiden. Letztere ist diejenige, welche bei liegenden Stengeln der Erde zugekehrt und angewurzelt, aber auch bei aufrechten Stengeln von wesentlich anderer Beschaffenheit ist und daher nicht leicht verkannt werden dürfte. — Zunächst die Vorderseite haben wir zu betrachten für die Beurtheilung der Stellung der Blätter zu einander. Und zwar ist betreffs der letzteren zu berücksichtigen, ob sie mit ihren Spitzen schuppenartig übereinander liegen (sich decken, berühren), wobei sie dann meist ein ketten-

oder kätzchenförmiges Aussehen dem Stengel geben; oder ob sie bei schräger Anheftung der Blattbasis mit ihren Seitenrändern sich decken. In diesem Falle ist wiederum eine doppelte Anordnung möglich: nämlich die Deckung mit den Seitenrändern ist entweder „oberschlächtig“, d. h. der obere Rand eines Blattes überdeckt den unteren Rand des nächstoberen Blattes, was darin seinen Grund hat, daß der obere Anheftungspunkt der Blätter an der Vorderseite des Stengels liegt, deren unterer Anheftungspunkt am Rücken des Stengels; oder die Deckung ist „unterschlächtig“, d. h. der obere Rand eines Blattes wird überdeckt von dem Unterrand des nächstoberen Blattes (indem die obere Basis der Blätter nach dem Rücken des Stengels hin, dagegen die untere Basis an dessen Vorderseite angeheftet ist). Decken sich die Seitenränder gar nicht und nur die Spitze eines unteren Blattes deckt die Basis des nächstoberen Blattes: so sind die Blätter natürlich jederzeit oberschlächtig zu nennen. Die Unterschlächtigkeit ist aber bei weitem der häufigere Fall.

Die Rückseite des Stengels hat ein meist ganz anderes Aussehen als dessen Vorderseite, schon dadurch, daß sie vielfach etwas wenig vertieft erscheint, wenn nämlich, was häufig der Fall ist, die Blätter eingebogen sind. Außerdem ist sie charakterisirt 1. durch bei vielen Arten am Rücken entlang vorhandene gröbere und zartere Bewurzelung. Diese besteht entweder in zartem Wurzelfilz, oder in längeren oder kürzeren meist wasserhellen Wurzeln (Haftwurzeln oder vielfach Luftwurzeln, welche häufig die Stengel des Moosrasen innig mit einander verfilzen), welche durchweg oder absatzweise den Stengelrücken besetzen. 2. Bei nicht allen Arten, aber bestimmte Arten um so mehr charakterisirend und daher für das Bestimmen sehr hülfreich, befinden sich an der Rückseite des Stengels sogenannte Nebenblättchen (Amphigasterien). Dieselben stellen gewissermaßen eine dritte (die rückständige) Blattzeile dar; sie sind völlig ohne Zusammenhang mit den normalen zwei Blattzeilen, sind vom Anfänger auch durchaus nicht etwa mit den „Blattröhrchen“ zu verwechseln, mit welchen die Blätter mancher Arten an ihrer unteren Basis versehen sind. Nein, die Nebenblättchen sind fast stets von ganz besonderer Form und vor Allem vielfach so winzig, daß es oft genug einige Mühe macht sie aufzufinden und ihre Form klar zu erkennen, was meist nur mittelst scharfer Lupe gelingt. Die Schwierigkeit, sie wahrzunehmen hat außerdem noch zwei Gründe. Erstens sind sie dem Stengel oft so dicht anliegend, daß man scharf hinsehen muß, um sie zu unterscheiden. Zweitens sind sie sehr vergänglich und daher oft nur an den jüngeren Stengeltheilen und Zweigen vorhanden; ja wiederum bei manchen Arten kommen sie am Stengel und dessen Aesten überhaupt gar nicht vor, sondern nur an deren (langen, entfernt- und kleinblätterigen) Innovationen, Flagellen oder Ausläufern. Bei der Wichtigkeit, welche die Nebenblättchen vielfach für das richtige Bestimmen haben, begnüge man sich daher nicht mit flüchtiger Untersuchung, sondern prüfe mit recht scharfer Lupe Stengel und Aeste sowie nicht minder etwa vorhandene Ausläufer.

b) Die Blätter.

Die Blätter der Jungermanniaceen unterscheiden sich von denen der Laubmoose, noch abgesehen von ihrer schon erwähnten zweizeiligen Stellung, durch die meist rundliche Form, ferner durch das gleichförmige, aus runden, ovalen oder rundlich-(6-)eckigen Zellen bestehende Zellgewebe, und endlich durch den völligen Mangel einer Mittelrippe[1]); auch sind die Blätter mit ihrer Basis in den weitsaus meisten Fällen schräg dem Stengel angefügt, oft dabei ihn halb umfassend[2]), wie es bei den Laubmoosen nur die Fissidenten und einige wenige andere haben.

---

1) Nur bei Scapania albicans ist eine Andeutung derselben durch eine helle Mittellinie

2) Die Art und Weise der Anfügung der Blätter (des Blattgrundes) am Stengel ist für das Bestimmen der Gattungen und Arten zuweilen nicht ohne Wichtigkeit; es mögen daher folgende dabei angewendete Ausdrücke stets richtig verstanden werden:

Als noch besondere Eigenthümlichkeiten, welche bei einigen Jungermanniaceenblättern vorkommen, sind hervorzuheben:

a) Bei manchen Arten findet sich eine Buchtung oder ein Ausschnitt an der Blattspitze, wodurch das Blatt mehr oder minder tief in zwei Lappen getheilt wird, welche bald die Gestalt von Hörnern haben, bald nur als Zähne beurtheilt werden dürften. Oft sind dabei die durch jene Buchtung angedeuteten zwei Hälften des Blattes zugleich rinnig oder bauchig (in Folge einer Kielfaltung desselben) gegen einander gebogen, und bei der sehr häufigen Gattung Scapania sind sie gar so dicht zusammengelegt, daß man besonders bei sehr tiefer Buchtung beim ersten Blick diese in Größe und oft auch in Form verschiedenen Hälften für zwei verschiedene Blätter halten möchte, als ob solche Jungermannia 4-zeilig beblättert sei. Eine genaue Betrachtung mit der Lupe wird dem Anfänger freilich bald das richtige Verständniß geben.

b) Ist solches Läppchen winzig, außerdem ganz an die untere Basis des Blattes gerückt und aufgebogen: so hat es den Namen Oehrchen. Dasselbe ist besonders einigen recht

a) schräg angeheftet (angewachsen, angefügt) sind die Blätter, wenn der eine Anheftungspunkt höher liegt als der andere, die Blätter daher schief oder schräg gerichtet sind und sich mehr oder minder decken, der Stengel höchstens $^{1}/_{4}$ von ihnen umfaßt wird;

b) halbstengelumfassend, wenn der Blattgrund den Stengel halb umfaßt, dabei aber durchaus nicht herabläuft und der Blattrücken nicht gekielt ist; das Blatt ist bei dieser Anheftungsweise gegen den Grund hin oft etwas bauchig;

c) schräg halbstengelumfassend, ebenso wie das vorige, aber der Blattgrund (wie bei a) schräg gerichtet;

d) scheidig halbstengelumfassend, wenn der Blattgrund etwas herabläuft, wobei die Blätter meist rinnig gebogen und am Rücken gekielt sind;

e) stengelumfassend, wenn der Blattgrund den Stengel völlig umfaßt, die Blätter daher gegenüberstehend einander an ihrem Grunde scheidig umfassen; ist bei den Blättern nur einiger seltenen Arten der Fall, um so häufiger aber bei den Hüllblättern, welchen dadurch oft ein dütenförmiges Aussehen haben;

f) herablaufend, wenn die Blätter sehr schräg angefügt sind und an ihrem Grunde herlaunfend die Stengel fast flügeln.

häufigen Gattungen charakteristisch eigen und tritt in mannigfacher Gestalt auf. Fast immer ist es bauchig oder sack- oder kappenförmig gehöhlt, zum Theil auch kurz gestielt; bei einigen Gattungen ist dies Oehrchen auch gar nicht durch eigentliche Buchtung des Blattes entstanden, sondern bildet nur eine kropfartige oder bauchig-vortretende Aussackung des unteren Blattgrundes. Noch sei bemerkt, daß alle die mit Oehrchen versehenen Gattungen den mit oberschlächtigen Blättern ausgezeichneten Gruppen angehören, auch durchweg (mit Ausnahme von Radula) mit oben erwähnten Nebenblättchen ausgestattet sind, so daß der Anfänger sich schon daran vergewissern mag, ob er dergleichen aufstehende Läppchen wirklich für Oehrchen zu halten habe.

c) Bei einigen Jungermanniaceen befinden sich häufig an den Spitzen der Blätter eigenthümliche gelbgrüne oder gelbe punktgroße oder etwas größere Staubköpfchen [1]), welche aus

[1]) Da diese Staubköpfchen nur bei bestimmten Arten vorkommen (allerdings nicht immer), so geben sie für diese dem Anfänger ein gutes Merkmal zum Bestimmen ab. Es möge dazu folgende kurze Tabelle der freilich nur wenigen bezüglichen Arten dienen.

1. Blätter ganzrandig, oval. Calypogeia trichomanis.
— an ihrer Spitze gelappt oder gezähnt. 2.

2. Blätter tief 2-lappig, Lappen mit blasser Mittelrippe; nur zuweilen mit Keimkörnern. Scapania albiacans.
— ohne Mittelrippe. 3.

3. Blätter 3—4-lappig, hellgrün. 4.
— 2-lappig oder -zähnig. 6.

4. Staubköpfchen purpurroth. J. Helleriana.
— gelbgrün. 5.

5. Blattlappen ganzrandig. J. attenuata.
— etwas gezähnt. J. incisa.

6. Blätter mit herzförmig spitzer Bucht. 7.
— mit stumpfer Bucht. 9.

7. Blätter gekielt. J. exsecta.
— nur sanft gewölbt. 8.

8. Blätter sich krallig einkrümmend. J. alpestris.
— bauchig bleibend. J. comutata.

9. Staubköpfchen gelbbraun. J. intermedia.
— gelbgrün oder gelb. 10.

10. Blattlappen ungleich, stumpf. J. orcadensis.
— fast gleich zugespitzt. J. ventricosa.

Keimkörnchen bestehen und die betreffenden Arten charakterisiren. Ebenso sind die Spitzen der Stengelinnovationen bei manchen Arten gelb-, grün- oder purpurstaubig aufgelöst.

c) Die Frucht.

Die Blätter treten gegen den Gipfel des Stengels hin gewöhnlich dichter zusammen und werden da auch größer. Endlich die (etwa 2—4) obersten desjenigen Stengels oder Astes, an dessen Gipfel die Frucht sich entwickeln will, zeichnen sich meist durch 2—4-fache Größe und ganz aparte Form gegen alle übrigen unteren aus, sind wohl auch wie dütenförmig eingerollt, oder scheidig in einander geschoben, oft mehr oder minder mit einander verwachsen. Das nun sind die Hüllblätter! Bei manchen Gattungen allerdings sind sie gerade kleiner, oder nur ebenso groß als die übrigen Stengelblätter.

Im Schooß dieser Hüllblätter entspringt die balgartig geschlossene Blüthedecke (auch Kelch genannt), welche meist frei über jene hinausragt. Sie ist kugel-, ei-, birn-, walzen- oder keulenförmig; glatt, faltig oder kantig; weißlich oder von Farbe und Textur der Blätter; an ihrer Mündung in charakteristischer Weise oft zähnig oder lippig sich spaltend. Bei einigen Gattungen freilich fehlt diese Blüthendecke; bei noch anderen ist sie mehr oder minder mit den Hüllblättern verwachsen. Diese mannigfache Beschaffenheit der Blüthendecke ist aber stets wohl zu beachten als ein äußerst wichtiges Merkmal vieler Jungermanniaceen. Denn das Vorhandensein oder Fehlen desselben, ihr Verwachsensein mit den Hüllblättern oder ihre freie Selbstständigkeit, wiederum ihre Form und die Beschaffenheit ihrer Mündung haben wir als wesentlich unterscheidende Charaktere der einzelnen Gattungen ins Auge zu fassen. Die Blüthendecke ist eben als ein ganz besonders bedeutsames systematisches Prinzip anerkannt.

Die Blüthendecke ist anfangs geschlossen, ehe die Frucht hervorbricht. Indem aber die von ihr umschlossene Frucht sich zu verlängern beginnt, wird von derselben die Blüthendecke an ihrem Scheitel durchbohrt. Nun erst ist letztere geöffnet, aber ihr Oeffnungssaum (Mündung) dabei nicht unregelmäßig zerrissen, sondern in der vorhin angegebenen Weise überaus zierlich (zähnig, lippig oder wimperig) gespalten; sie selbst auch hat nun vielfach eine andere Form angenommen, ist breit gedrückt oder schmächtiger geworden [1]). Aus ihrer Mündung sprießt alsdann auf rasch sich verlängerndem (0,1 4 cm hoch), fast wasserhellem, weißlichem oder blaßgelblichem überaus zartem Stiel die braune Frucht hervor. Diese Frucht war aber zuvor noch von einer sehr dünnen Haut (der Haube) umschlossen, welche gleichfalls an ihrer Spitze durchbohrt wurde; diese Haube bleibt dann am Grunde des Stieles sitzen innerhalb der Blüthendecke.

Die Frucht (oder Büchse) selber ist kugel- oder eiförmig, anfangs völlig geschlossen, 0,3—4 mm lang, hellbraun bis schwarzbraun. Bei der Reife platzt sie von ihrem Scheitel her bis zur Mitte oder meist bis zum Grunde vierklappig auf und öffnet sich dadurch gewissermaßen wie ein brauner Blüthenstern. Jetzt streut sie reife Sporen aus, denen stets sehr hygroskopische Spiralfasern, sogenannte Schleudern beigemischt sind Ein mit solchen geöffneten Früchten üppig bestandener Jungermanniaceenrasen ist aber wohl der lieblichste Anblick, welchen überhaupt die pflanzliche Kleinwelt dem Auge zu bieten vermag.

Außer den weiblichen Blüthen, welche zu diesen Früchten sich entwickelten, mögen wir die auch auf demselben Stengel oder auf anderen Stengeln vorkommenden männlichen Organe (Antheridien) nicht unberücksichtigt lassen, welche besonders in bestimmten Blattwinkeln sich gehäuft vorfinden und als winzige ei- oder kugelförmige, gestielte oder stiellose Schläuche schon mittelst der Lupe leicht bemerkbar werden.

[1]) Die Fruchtentwickelung fällt bei den verschiedenen Arten der Jungermanniaceen in verschiedene Zeiten des Jahres, bei den meisten in die Frühlingstage Wenngleich man daher nicht jederzeit Früchte findet, so halten sich doch die Blüthendecken fast das ganze Jahr über, und diese ja nur sind für das Bestimmen von einiger Wichtigkeit, während die Früchte selbst zwar der lieblichste Schmuck, aber für das Bestimmen von gar keiner Bedeutung sind.

Tabelle zum Bestimmen der Gattungen.

1. Stengel beblättert. 2.
   — und Blätter unterschiedslos verschmolzen (laubartig). 30.
2. Stengel 3-zeilig beblättert (indem die Nebenblättchen den übrigen an Form und Größe gleich sind); die Blätter fein 2—3 spaltig oder -theilig. pr. p. Jungermannia.
   — 2-zeilig beblättert, mit und ohne Nebenblättchen. 3.
3. Blattspitze ganz, oder buchtig-zweilappig oder zweizähnig. 4.
   — 3—5-lappig oder 3—5-zähnig. 14.
4. Blattrand gewimpert. 5.
   — ganzrandig, oder gekerbt, oder gezähnt (in diesem letzteren Falle die Zähne weder wimper-, noch stachel-, noch dornartig). 8.
5. Blätter handförmig zerlappt, diese Lappen mit zahlreichen (etwa 10—30) sehr langen schlaffen, haarförmigen, je aus einer Zellenreihe bestehenden Wimpern strahlig besetzt. 6.
   — ganz, oder einbuchtig; rings mit kurzen dorn- oder stachelartigen Zähnen scharf umsäumt. 7.
6. Blüthendecke und Haube fehlen, dafür sind die Hüllblätter zu einer rauhen Hülle verwachsen. Rasen gelbgrünlich oder bleichgrün. An feuchten, besonders nassen Orten (in Buchen- und Erlenwäldern). (Fig. 33.) Trichocolea.

Blüthendecke und Haube vorhanden, frei und glatt. Rasen grün oder gelb, meist aber gebräunt oder purpurbraun. An trockenen Orten (in Nadel- und Birkenwäldern). (Fig. 32.) Ptilidium.

7. Blätter tiefbuchtig ausgeschnitten (oft bis auf den Grund) und zwar der eine, meist kleinere Lappen dieses Ausschnittes emporgeklappt dem größeren mehr oder minder anliegend. 9.

— ganz, rundlich, eiförmig, sehr groß. (Fig. 6.) Plagiochila.

8. Blätter an ihrem Grunde geöhrt (dies Oehrchen ist aufgeblasen kropf-, sack- oder helmförmig, am Grunde mit dem Blatte verbunden oder frei) (Fig. 34—38); oder die Blätter sind tiefbuchtig-zweilappig, wobei der kleinere (vordere) Lappen kielfaltig emporgeklappt dem größeren dicht anliegt. In allen diesen Fällen erscheint der Stengel auch auf seiner Rückseite wie mit noch zwei Blattzeilen besetzt. (Fig. 7—10.) 9.

— einfach (d. h. nicht geöhrt und wenn ausgebuchtet, doch nicht mit emporgeklappten Lappen). 16.

9. Stengel niederliegend, fiederig-verzweigt. Blätter oberschlächtig; geöhrt. Nebenblättchen fast stets vorhanden. Besonders an Baumrinden häufig. 10.

— meist aufrecht, einfach oder gabeltheilig. Blätter unterschlächtig; tiefbuchtig mit kielfaltig emporgeklappten (dicht aneinander gelegten) Lappen. Auf der Erde, oder an Gestein, nie an Baumrinden. (Fig. 7—10.) Scapania.

10. Nebenblättchen fehlen. Ansehnliche über 2 mm breite, ausgedrückt-kriechende Stengel. 11.

— stets deutlich vorhanden. 12.

11. Blätter ausgerandet und zähnig. Physiotium.

— ganzrandig. (Fig. 34.) Radula.

12. Blattöhrchen völlig mit dem Blatt verbunden, stellen nur eine bauchige Aussackung von dessen Grunde dar.

Nebenblättchen kreisrund, oben mit scharfem Ausschnittwinkel. Lejeunia.

Blattöhrchen frei am Blattgrunde: kappen-, helm- oder blattförmig. Nebenblättchen ganz, oder seicht ausgeschnitten. 13.

13. Blattöhrchen kappen-, helm- oder eiförmig-ausgehöhlt, kurz gestielt oder ansitzend. Zweige nur 0,5—1 mm br. Braune oder düstergrüne, flache Ueberzüge bildend. (Fig. 37, 38.) Frullania

— blattartig, nicht gehöhlt. Zweige 1—3 mm br. Rasen sehr ansehnlich. (Fig. 35, 36.) Madotheca.

14. Blätter sehr klein, fast viereckig, vierlappig, tief gespalten; ebenso sind die Nebenblätter beschaffen, nur noch weit kleiner. Stengel fiederästig, niederliegend; Rasen glanzlos, härtlich und rauh anzufühlen. (Fig. 31.) Lepidozia.

— mittelgroß oder ansehnlich; Nebenblätter dagegen winzig und völlig anders als die Blätter. Stengel einfach, oder gabelästig. 15.

15. Blätter sehr ansehnlich (2—5 mm l.), länglich-eiförmig, mit 3-zähniger Spitze (diese Zähne etwa $^1/_{10}$—$^1/_8$ der Blattlänge). Stengel nur am Grunde wurzelnd. (Fig 30.) Mastigobryum.

— mittelgroß (1—3 mm lang), $^1/_4$—$^1/_3$ tief gespalten, 3—5-lappig. Stengel am ganzen Rücken entlang wurzelfilzig oder Wurzel treibend. (Fig. 15—18.) pr. p. Jungermannia.

16.[1] Blätter oberschlächtig; Zweige stets plattgedrückt, so daß sich diese Schichtungsweise der Blätter sicher erkennen läßt (Fig. 29) Calypogeia

[1]) Da einige der von Nr. 16—29 dieser Tabelle ausgeführten Gattungen habituell etwas schwierig von Jungermanniaceenarten zu unterscheiden sind und anderseits die prinzipiell unterscheidende Blüthendecke nicht immer angetroffen wird: so ist noch einmal in der Artentabelle von Jungermannia im Hinblick auf den Blattcharakter auf dieselben verwiesen. Man sehe daher in zweifelhaften Fällen daselbst nach.

Blätter unterschlächtig. 17.

17. Blätter ganz. 18.
— mehr oder minder tief getheilt oder ausgebuchtet daher an der Spitze 2-lappig oder 2-zähnig. 25.

18. Nebenblättchen vorhanden (oft freilich äußerst winzig, an älteren Stengeln auch wohl verschwunden.) 19.
— fehlen. 21.

19. Blätter fast quadratisch oder länglich-viereckig, ganz flach (weder bauchig-gedunsen noch mit zurückgeschlagenen Rändern), daher die Zweige flache Wedel darstellend. Nebenblättchen tief 2—3-spaltig. Blüthendecke meist kreisförmig, 2—3-spaltig. (Fig 27.) Chiloscyphus.
— kreisrund oder eiförmig, meist gewölbt. Nebenblättchen ungespalten, pfriemlich, oder lanzettlich, oder breit-dreieckig. 20.

20. Blüthendecke in den Hüllblättern versteckt und am Grunde mit denselben verwachsen. Blätter durchsichtig-dünnhäutig, klein (noch nicht 1 mm), oval, oder fast kreisrund. Stengel mit wurzelrankigen langen Ausläufern, welche entfernt- und winzig-beblättert sind. Alicularia.
— hervorragend. Niemals Ausläufer. pr. p. Jungermannia.

21. Blätter rundlich-oval, sehr ansehnlich; die Zweige 4—10 mm breit, 2 cm bis 2 dm lang, etwa den Ausläufern von Mnium punctatum nicht unähnlich. Blüthendecke breitgedrückt. Sehr häufig. (Fig. 6.) Plagiochila.
Blätter und Zweige nie so ansehnlich. 22.

22. Stengel meist geschlängelt-verbogen. Blätter kreis-eiförmig, mit eingedrückter Spitze und etwas wogigem Rande. Zwischen Sphagneen und Dikraneen in Sümpfen. Sphagnoecetis. 8.
— nicht verbogen. Blätter kreisrund, oder ei-, oder zungenförmig, stets mit gerundeter Spitze. 23.

23. Blätter ei- oder zungenförmig, stumpf zugespitzt. Freudig grüne Räschen. 24.
— kreisrundlich. Meist dunkelgrüne, bräunliche oder röthliche Räschen. pr. p. Jungermannia.

24. Blüthendecke walzenförmig, ihre Mündung mit steifen, kegelig zusammengeneigten Wimpern besetzt. Blätter länglich, elliptisch (über einmal so lang als breit), mit zurückgebogener Spitze, ganzrandig. In Sümpfen. Liochlaena.
— fehlt. Blätter zungenförmig (einmal so lang als breit), mit ausgeschweiften Rändern. Sehr selten. (Fig. 4.) Haplomitrium.

25. Nebenblätter vorhanden. 26.
— fehlen. 28.

26. Nebenblätter ganz (ungespalten). Blätter 2—6-lappig, flach oder bauchig-gewölbt. pr. p. Jungermannia.
tief gespalten (mit $^1/_3$—$^1/_4$ tiefer spitzer Bucht). Blätter ganzrandig, stets flach. 27.

27. Stark nach Terpentin riechende Pflänzchen. Blüthendecke fehlt; die Früchte kommen aus einem auf der Unterseite des Stengels befindlichen sehr kurzen kelchartig hohlen Aestchen. (Fig. 28) Geocalyx.
Geruchlos. Blüthendecke vorhanden und vorragend, dreikantig, mit 3-lappiger kammartig gezähnter Mündung. (Fig. 25, 26.) Lophocolea.

28. Blüthendecke fehlend oder in den Hüllblättern versteckt (und dann mit denselben auch verwachsen.) Blätter 2-lappig, stets ganzrandig. 29.
— vorhanden und frei, über die Hüllblätter hervortretend. (Fig. 11—13, 19—22.) Jungermannia.

29. Stengel ohne irgend welche Ausläufer. Blüthendecke fehlt, dafür ein dütenförmig zusammengerolltes kleines zartes Hüllblatt vorhanden. Nur in hohen Gebirgen, blos auf Felsgestein. (Fig. 5.) Gymnomitrium.

Anm. Habituell charakterisiert durch die stets dicht anliegenden Blätter und deßhalb schlangen- oder keulenförmigen Stengel und Aeste, welche dichtgedrängte, gleichhohe, meist rundliche Polster bilden.

Stengel öfters unterhalb mit wurzelfaserartigen, rankig weit umherschweifenden, klein- und entfernt-beblätterten Ausläufern. Blüthendecke fleischig und gedunsen, in den Hüllblättern versteckt und mit ihnen bis zur Spitze verwachsen. Zum Theil auch in der Ebene; nicht blos auf Gestein. (Fig. 1, 2, 3.) Sarcoscyphus.

---

30. Laub meist dünn, glatt und glänzend. 31.

— derb und undurchsichtig, maschig-gefeldert (schon dem bloßen Auge oder unter schwacher Lupe), und diese Felderchen in ihrer Mitte meist mit einer minutiösen Warze besetzt. 41.

Anm. Die gefelderte Oberhaut ist nämlich mit Spaltöffnungen versehen, die sich in jedem der Felderchen zu einem halbkugeligen, an der Spitze sich öffnenden Warze erheben.

31. Laub durchweg schmal-lineal, vielverzweigt (2—5 mm l. und in allen Theilen nur 0,5—1,5 mm br.). Meist in oder an Gewässern. 32.

— nicht derartig lineal. 34.

32. Laub völlig rippenlos. 33.

— mit deutlicher Mittelrippe. (Fig. 42.) Echinomitrium.

33. Laub gabelig verzweigt, hellgrün. Früchte eingesenkt, punktklein. (Fig. 55.) Ricciella.

— fiederig verzweigt. Früchte hochgestielt, jungermannienartig, aber nicht häufig vorhanden. (Fig. 43—46.) Siehe Aneura.

34. Laub dicklich, keil- oder herzförmig, anfangs sternig gruppirt, später sich centrifugal trennend. Früchte punktklein, einer Mittelfurche des Laubes eingesenkt. 35.

— meist ganz anders geformt, Früchte völlig hervortretend. 36.

35. Laub netzaderig, an den Enden dreikantig aufgedunsen. Der eingesenkte Fruchtträger pyramidalisch-dreiseitig. Oxymitra.
— mit flachen Enden. (Fig. 56—58.) Riccia.

36. Laub völlig rippenlos. 37.
— mit mehr oder minder deutlicher Mittelrippe. 39.

37. Laub meist kreis-rundlich, flach aufliegend, mit krausem Rande. Früchte stets vorhanden, grün (von Konsistenz des Laubes). 38.
— lappig zertheilt. Früchte nicht häufig, auf hohem, wasserhellem Stiel eine braune, sternig aufplatzende Fruchtkapsel. (Fig. 43—46.) Anreura.

38. Früchte als stecknadellange, von der Spitze her schotenartig aufplatzende grüne Säulchen. (Fig. 54.) Anthoceros.
— 1—2 cm hohe, zartgrüne, netzig-geäderte Birnformen. Sphaerocarpus.

39. Mittelrippe, stark aufgeblasen. Früchte selten. (Fig 41) Blasia.
— durchaus nicht aufgeblasen. Frucht (im Frühling) fast stets vorhanden. 40.

40. Laub breit gerundet, ansehnlich, flachlappig, nur in einigen Abarten schmal, geschlitzt und gekräuselt. Frucht in geschlossenem Zustande kugelförmig. Sehr häufig. (Fig. 40.) Pellia.
— stets mit aufgekehrtem, sehr gekräuseltem oder auch gezähntem Rande. Frucht in geschlossenem Zustande länglich (aber doppelt so lang als breit). Blyttia.

41. Laub keil-eiförmig, etwa 3 mm breit; Oberseite grün, Unterseite dunkel braunroth; Poren der Oberhaut dichtgedrängt gestellt und erhaben. Früchte stiellos sitzend, einzeln an den etwas aufsteigenden Enden der Laublappen. (Fig. 53.) Targionia.
— breiter, meist sogar viel breiter, die Ränder oft einander überlagernd und lappig-gabelig verzweigt, Unter-

seite meist dunkel gefärbt. Früchte unterhalb eines 1—8 cm hoch gestielten Blüthenbodens. 42.

42. Fruchtkapsel[1]) sprengt bei der Reife einen Deckel ab, dann zähnig aufspringend. Blüthenboden flach oder

[1]) Da es oft nicht leicht ist, die Frucht der Marchantien ganz richtig zu beurtheilen, so sei in Folgendem Anleitung gegeben, diejenigen Marchantien, welche einen gestielten Blütenboden haben, auch nach ganz außerlichen Merkmalen zu bestimmen:

a) Laub glatt (nicht mit Wärzchen besetzt), mit stiellos-aufsitzenden Brutbechern und hochgestielten Blüthenböden (zuweilen fehlen aber diese oder jene, meist vertreten sie sich). b.

— warzig-rauh (nur bei einigen sehr seltenen Arten glatt), stets ohne Brutbecher. c.

b) Brutbecher kreisrundlich (schüsselförmig), zerstreut. Marchantia.

— halbmondförmig, an den Enden des Laubes sitzend. Lunularia.

c) Laub auf seiner Oberfläche glatt (d. h. warzenlos oder doch mit völlig eingesenkten Wärzchen). d.

— — — — warzig-rauh. e.

d) Laub kaum bis 1 cm lang, unterseits glatt nud gelblich-weiß. Blüthenboden klein ungelappt. Duvalia.

— 1—2 cm lang, unterseits schwarz-purpurn und querfaltig. Blüthenboden 3—4-lappig. Reboulia.

e) Fruchtstiele an ihrem Grunde von aufstehenden blassen rauschenden Spreubüscheln gebartet; oder es haben die sterilen Lappen an ihren Enden solche aufstehende Bärte. k.

— — — — nackt. f.

f) Weiblicher Blüthenboden bis zu seinem Scheitel strahlig-lappig zertheilt. Laublappen bis fingerlang und -breit. Marchantia und Lunularia.

— — höchstens bis zur Mitte gelappt. g.

g) Laub fingerlang und -breit. Blüthenboden kegelförmig, etwa 1 cm. hoch. Fegatella.

— weit kleiner. Blüthenboden halbkugelig oder kugelförmig. h.

h Laub gestreckt-lineal und ganzrandig, nur 2—5 mm. breit, einfach oder gegabelt Fimbriaria.

— rundlich, oder keilförmig, oder langgestreckt, in letzterem Falle aber über 5 mm breit und gekerbt oder gelappt. Unterseite glatt. i.

i) Laub glatt. Blüthenboden ganzrandig. Duvalia.

— scharf-rauh. Blüthenboden gelappt. Preissia.

k) Laub warzig-rauh, gestreckt-lineal, ganzrandig, einfach oder gegabelt. l.

— glatt, herz- oder ei- oder keilförmig, ausgerandet. Reboulia.

convex, im Umfange ganz oder lappig. Laub nur 4—15 mm lang. 43.

Fruchtkapsel springt nur zähnig auf. Blüthenboden konisch odrr convex, im Umfange ganz oder lappig oder vom Scheitel aus langstrahlig. Laub wenige mm bis über 1 dm lang. 44.

43. Die Pflänzchen im frischen Zustande sehr wohlriechend. Blüthenboden nur am Scheitel warzig. Grimaldia.

— — geruchlos. 46.

44. Blüthenboden im Umfange tief 1—6 lappig. Laub oberseits glatt, nur mit vereinzelten und eingesenkten Wärzchen besetzt. Reboulia.

— — im Umfange ganz, oder seicht eingeschnitten. 45.

45. Laub glatt. Blüthenboden warzig-rauh. Blüthenhülle fehlt ganz. (Fig. 52.) Duvalia.

— warzig-rauh. Blüthenboden glatt. Blüthenhülle bartförmig. weit vorragend, tief zerschlitzt. (Fig. 51.) Fimbriaria.

46. Laub (Felswände und Felsritzen überkleidend) kaum 1 cm lang und nur bis 5 mm breit, rinnig. Der Blüthenboden bis auf den Grund 2—5theilig. Sauteria.

— meist weit größer. Blüthenboden im Umfange ganz, oder kurzlappig, oder vom Scheitel 6—12-strahlig. 47.

47. Oberfläche des Laubes glatt (ohne Wärzchen), fast stets (stiellose) Brutbecherchen tragend. Blüthenboden strahlig-gelappt. 49.

— warzig-rauh (schärflich anzufühlen). Brutbecherchen nie vorhanden. Blüthenboden ganzrandig, höchstens mit kurzlappigem Rande. 48.

1) Laubrand fransig gesäumt. Fruchtstiel am Grunde nackt. Sauteria. Laublappen nur an ihrem Ende mit rauschendem Barte. Fruchtstiel am Grund nicht mit Spreubüscheln. m.

m) Blüthenhülle fehlt. Grimaldia.

— vorhanden, weit vorragend und zerschlitzt. Fimbriaria.

48. Laub bis 1 dm lang, Blüthenboden konisch. (Fig. 49.) Fegatella.

— wenige mm bis 4 cm lang. Blüthenboden halbkugelig. (Fig. 48.) Preissia.

49. Brutbecherchen schüsselförmig. Weibliche und männliche Blüthenboden reichlich vorhanden. Gemein. (Fig. 47.) Marchantia.

— vorn ausgeschnitten, daher halbmondförmig. Selten und besonders der Blüthenboden sehr selten vorhanden. (Fig. 50.) Lunularia.

Tabellen zum Bestimmen der Arten.

1. Sarcoscyphus Corda, Fleischkelch.

Dicht gedrängte, gleichhohe, meist schwammige Polsterrasen. Blüthendecke sehr fleischig, bis zur Mitte mit den Hüllblättern völlig verwachsen (scheinbar fehlend), mit 4—6-zähniger Mündung; die Haube nicht sichtbar, völlig eingeschlossen. — Nur im Gebirge.

1. Am Grunde oder am Rücken der Stengel entspringen lange, ziemlich starre, fast haarfeine, kaum beblätterte Wurzelranken (Flagellen). Dieselben schweifen umher, schlingen sich zwischen die Stengel und verfilzen dieselben oft mehr oder oder minder. 2.

Anm. Diese „Wurzelranken" sprießen hie und da aus den Blattachseln hervor, fast wagerecht abstehend; die unteren sind absteigend, haben wasserhelle Wurzelfasern. Die oberen aufsteigend sind mit entfernt gestellten schuppenartigen Blättchen besetzt, werden oft auch zweigartig.

Ohne solche Wurzelranken. 4.

2. Der Blattausschnitt beträgt $^1/_3$—$^1/_2$ der Blattlänge. 3.
Stengel 1—3 m lang, meist einfach, durch von Grund auf gleichmäßig dichte Beblätterung von breitgedrückt kätzchenförmigem Aussehen. Blätter rundlich-eiförmig, aufrecht, scheidig halbstengelumfassend, rinnig gehöhlt, sehr seicht ausgeschweift (Blattausschnitt nur $^1/_6$—$^1/_4$ der Blattlänge), mit kurzen, abgerundet-stumpfen, eingebogen dem Stengel zugekehrten Lappen. Auf Gebirgshöhen an und zwischen feuchten Felsen; braungrüne bis braunschwarze sehr gedrängte Polsterchen bildend, meist in Gesellschaft von Gymnomitrium concinnatum; selten. S. fuscus N. ab Es.

3. Stengel aufrecht, halb in die Erde gesenkt, 2—5 cm lang, abwärts fast blattlos, aufwärts allmälig größer und dichter beblättert, daher keulig verdickt; meist einfach (nur bei fruchtenden Exemplaren gegabelt). Blätter derbhäutig, etwa 1—2 mm lang, undurchsichtig, ei-herzförmig, etwa $^1/_3$ ausgerundet (Ausschnitt sowie Lappen stumpf, aber die letzteren nicht so völlig abgerundet wie bei

S. fuscus), scheidig-halbstengelumfassend und mit ihrem Grunde wechselweise in einander geschoben (die Gipfelblätter fast dütenförmig), so daß der Stengel etwas breitgedrückt erscheint; angefeuchtet fast wagerecht (in einem Winkel von etwa 70°) abstehend, trocken aufgerichtet-anliegend; sie sind gekielt-offen, zur oberen Hälfte etwas flach, an ihrem Grunde etwas bauchig. Blattzellen rundlich-tropfenförmig, dickwandig, nach dem Rande kleiner und dichter werdend; Randzellen sehr dicht, parallel-reihig. — Ansehnliche dichte hohe gleichhohe schwammige Polster, oft weithin ausgebreitet; von satt-, trüb- oder bleich-grüner, selten rostbrauner, nie purpurbrauner Farbe, abwärts meist abgestorben weißlich beblättert. Nur in Gebirgen und zwar auf Gestein, an und in Bächen, zwischen nassem Geröll, an triefenden Felsen, gern in der Nähe von Wasserfällen; häufig in Gesellschaft von Scapania undulata und dieser oft auch ähnlich. Ziemlich häufig. Fr. Ende des Frühlings und im Sommer (Fig. 1). (S. Ehrharti Corda) S. emarginatus Ehrh.

Stengel 1—3 cm lang, unverbogen, gabelig verzweigt, abwärts entfernt, aufwärts genähert beblättert, auf der Rückseite Wurzeln treibend. Blätter wagerecht ansitzend, rauten-eiförmig, ganz flach, stumpf gebuchtet (fast ½ des Blattes) mit divergirenden stumpflichen Lappen. An schattig feuchten Felsen, Lehmboden, Geröll, sattgrüne Polster bildend; überaus selten. Mülleri N. ab Es.

4. Stengel aufrecht, 1—3 cm lang, meist völlig einfach, aufwärts allmälig größer und dichter beblättert und am Gipfel durch die daselbst sehr breiten, zugerundeten und den Stengel ganz umfassenden Blätter mit einem rosettenartigen Schopfe. Blätter groß (3 mm), dünnhäutig, trocken verschrumpfend, durchweg ziemlich entfernt, scheidig völlig umfassend (wodurch diese Art von allen verwandten stets sicher zu unterscheiden ist!), mit den Scheiden wechselweise in einander geschoben, mit der obern Hälfte aufrecht-abstehend (30°); herz-eiförmig, rinnig-hohl, mit stumpf aber schmal gebuchteter Spitze, stumpf abgerundeten eingebogenen Lappen. An feuchten Felsen, hellgrüne Polster bildend; nur auf den Alpen und da selten. (Fig. 2.) S sphacelatus N. ab Es.

— 1—3 cm lang, halb in die Erde gesenkt, gleichmäßig vom Grunde auf beblättert, außerdem wie bei vorigem, besonders stets aufrecht. Blätter nicht groß, eiförmig-quadratisch, ½—⅓ in scharfem Winkel ausgeschnitten mit zugespitzten oder stumpflichen Lappen, gekielt-offen oder rinnig, den Stengel halb umfassend und etwas herablaufend, feucht aufrecht-abstehend (in einem Winkel von etwa 50°), trocken angedrückt und dadurch dann der Stengel bei seiner gleichmäßigen Beblätterung von kettenartigem Aussehen. Weichliche, gleichhohe, dichte, grüne bis dunkelbraune oder schwarzbraune, oft weithin sich erstreckende, zarte, flache Rasen; in Wäldern an Wegen, auf sonnigen Plätzen und unter Gebüschen, aber auch an und zwischen nassem Gestein, in ausgetrockneten sandigen oder steinigen Bächen u. s. w.; nicht selten. Fr. im Frühling. (Fig. 3.) S. Funkii N. ab Es.

Anm. Die oft habituell sehr ähnliche Jungermannia minuta unterscheidet sich im sterilen Zustande durch ihre fädig geschlängelten Zweige, trocken kielfaltig zusammengeklappte Blätter, niemals so dunkelbraune Färbung.

rupestris Hüb. an feuchtem oder nassem Felsgestein: Stengel sehr steif, aber schlank, gabelästig; sehr dichte und düsterbraune Beblätterung.

gracilescens Hub. auf feuchtem oder nassem Lehmboden der Hohlwege, Schluchten u. s. w.: Stengel fädig schlank und lang, oft lagernd, etwas entfernte und freudig grüne Beblätternng.

minor N. ab Es. auf fettem Waldboden: sehr zarte wirre schwarzbraune Ueberzüge bildend, Stengel kaum 1 cm lang.

2. Alicularia Corda, Flügelchen.

Blüthendecke in den Hüllblättern versteckt, an ihrem Grunde mit denselben verwachsen; Fruchtstiel 1—2 cm hoch; Kapsel klein, schwarzbraun oder braunroth, kugelrund.

Im frischen Zustande wohlriechend. Stengel bis mehrere cm lang, sehr schlaff aber aufrecht, gabeltheilig, am Grunde blattlos, die Blätter nach dem Gipfel hin an Größe stetig zunehmend. Blätter ansehnlich, über 1 mm lang, kreis-nierenförmig, meist ganzrandig, dünnhäutig, flach, schräg angefügt, aufrecht und dem Stengel angedrückt, so daß dieser ein breitgedrücktes Aussehen hat; Nebenblätter eiförmig, aber überaus winzig und angedrückt (daher schwierig wahrzunehmen) und fast nur an der Spitze unfruchtbarer Triebe vorhanden (Zuweilen der Jungerm. Taylori habituell ähnlich.) — Lockere grüne purpurn angehauchte Rasen an bemoosten Gebirgsbächen und Wasserfällen höherer Gebirge; selten. Früchte im Sommer. A. compressa N ab Es.

Stets geruchlos. Stengel 1—2 cm lang, aufrecht oder aufsteigend, meist einfach, die Beblätterung aufwärts an Größe zunehmend, am Gipfel oft knopfig gedrängt; oft bis mehrere cm lange, entfernt-beblätterte, zarte, durchsichtige, schlaffe, rankenartig umherschweifende Ausläufer treibend; außerdem finden sich noch fleischige, gleichfalls klein und entfernt-beblätterte aufsteigende Flagellen, und einzig an diesen sind Nebenblättchen vorhanden. Blätter des

Stengels klein (etwa 0,4 mm lang), fast kreisrund, zarthäutig, trocken runzelig verschrumpfend (schon dadurch sowie durch die meist fehlenden Nebenblättchen von der habituell ähnlichen Jungermannia subapicalis zu unterscheiden), etwas gehöhlt, meist ganzrandig, nur an der Spitze zuweilen kurz 2-zähnig, ziemlich gedrängt, sich am Grunde seitlich deckend, schräg halbstengelumfassend, aufrecht-abstehend. In der Ebene wie in Gebirgen auf lehmigem Boden in lichten Wäldern, an Hohlwegen, Gräben; heerden- oder truppweise, oft auch dicht verfilzte freudig grüne Rasen bildend; ziemlich häufig. Fr. im April, Mai. A. scalaris Corda.

3. Gymnomitrium, N. ab. Es., Nackthaube.

Dichte Polsterchen oder Räschen am Gestein oder feuchten Erdstellen. Stengel verzweigt, durch die dachziegelförmig dicht anliegende, aufwärts größer und gedrängter werdende Beblätterung mit meist keulenförmig-verdickten Aesten; Blätter eiförmig, bauchig, mehr oder minder ausgebuchtet, mit halbstengelumfassendem Grunde. Blüthendecke fehlt gänzlich; die zarte ovale Haube ist nur von einem eingerollten Hüllblatt umschlossen, welches kleiner und zarter als die übrigen Blätter ist. Fruchtzeit im Sommer.

1. Stengel nur wenige mm bis 1 cm lang, mit zusammengedrückten, zugespitzten und an der Spitze zurückgebogenen Aesten; rankenartig schweifende und wurzelnde Ausläufer aussendend. Blätter abgerundet oder mehr oder minder 2-spaltig mit stumpfen Lappen; Blattrand und besonders die Lappen glashell-durchsichtig. An nackten Felsen der Alpen und des Riesengebirgskammes, dichte gelbgrüne oder schmutzigbraune Polster bildend. G. coralloides N. ab Es.

   Aeste keulig-verdickt. Weder Rand noch Lappen der Blätter glasartig durchsichtig, ihre Bucht und Lappen meist spitz. 2.

2 Stengel nur wenige mm lang, niederliegend-kriechend, mit aufrechten, büschelig gehäuften Aesten. Dichte braune Rasen, besonders in Vertiefungen und Spalten der Felsen; auf den Alpen in der Schneeregion, aber auch auf deutschen Gebirgshöhen; sehr selten. G. adustum N. ab Es.

— 1—3 cm lang, aufrecht, am Grunde blatt- und astlos, gegen die Mitte gabeltheilig, besonders gegen die Gipfel hin mit stets dicht-anliegender und sich gedrängt deckender Beblätterung, daß man die Form der Blätter durchaus nicht ohne Weiteres beurtheilen kann. Blätter eiförmig, sehr gehöhlt, $^1/_3$ tief spitzbuchtig, mit stumpfen Lappen. In den Alpen in der Schneeregion an nassen Felsen und Geröll, aber auch in höheren deutschen Gebirgen (Brocken,

Schneekoppe, Feldberg); dichte, rundliche gelbliche oder silbergrüne Polster oder ausgedehnte Rasen bildend, welche durch die weißliche oder weißgrünliche Färbung der durch den Frost abgestorbenen Astspitzen sich charakteristisch auszeichnen. Fr. im Spätsommer, sehr selten. G concinnatum Lightf.

4. Haplomitrium Nees. v. Es., Ohnkelch.

Stengel kaum verzweigt, einige mm bis 1 cm lang. Blätter breitlich zungenförmig, etwa 2 mm lang, etwas schief herablaufend. Blüthendecke fehlt; die Haube verlängert sich späterhin und tritt über die Hüllblätter hervor, länglich, auf einer Seite längs aufreißend. — Auf der Erde, an Waldrändern und feuchten schattigen Orten, meist zwischen andern Moosen. (In den Sudeten z. B. unterhalb der Wiesenbaude am linken Weißwasserufer, in Böhmen bei Töpel, in den Vogesen bei Hambach, auch bei Hamburg an mehreren Orten.) Fr. Ende Frühling. Sehr selten. (Fig. 1.) H. Hookeri N ab Es.

5. Plagiochila N. ab Es., Schiefmund.

Stengel 2—8 cm lang, aus niederliegendem Grunde aufsteigend-aufrecht, meist gabelig getheilt, oftmals mit fast wagerechten, umherschweifenden, schlaffen, die Rasen durchlaufenden, meist röthlichen Ausläufern; nur am Grunde bewurzelt; abwärts klein- und entfernt-, aber aufwärts dicht-beblättert (die Blätter mit den Seitenrändern sich deckend), mit etwas eingebogenem Gipfel. Blätter meist überaus groß, 2—5 mm lang und entsprechend breit, gerundet-eiförmig, etwas gewölbt, trocken beide Seitenränder zurückgerollt, wagerecht-abstehend, mit schräg wie ohrförmig angefügter Basis; ihr Rand meist wimperig-gezähnt (bei der klein- und einfachstengeligen Form integerrima ganzrandig). Blüthendecke hoch vorragend, groß, etwa 4 mm lang, zusammengedrückt, mit gewölbtem Grunde und schief abgestutzter, wimperzähniger Mündung. — In schattig-feuchten Wäldern am Grunde alter Bäume, Hohlwegen, kleinen gebüschigen Abhängen, Grabenrändern; dunkel- oder freudiggrüne Rasen oder Polster bildend; in den Ebenen wie im Gebirge, besonders in Wäldern überaus häufig; Fr. im April, Mai. — In üppigen Exemplaren ist dies sehr ansehnliche Lebermoos von farrenartigem Aussehen und erinnert dann, freilich nur fern, etwa an Asplenium trichomanoides, von dem es daher seinen Artnamen hat, freilich mehr noch an Ausläufer von Mnium punctatum. (Fig. 6.) Pl asplenoides L.

— nicht über 4 cm lang. Blätter oval, flach, ganzrandig. Blüthendecke mit gekerbter Mündung. In Wäldern, trüb- oder gelbgrüne Rasen bildend. Pl. interrupta N ab Es.

6. Scapania, Lindenbg., Spatenmoos.

Auf Waldboden, gern an Hohlwegen, festgetretenen Wegen, aufgeworfenen Grabenrändern, ebenso an feuchten Felsen und Geröll, oder an Quellen und Wasserfällen wachsende aufrechte, gleichhohe oder aufsteigende, zum Theil ziemlich ansehnliche Rasen oder Polster. Blätter ausgebuchtet, kielfaltig die beiden Lappen so aneinander geklappt, daß man den kleinen Lappen als aufgebogenes und anliegendes Oehrchen ansehen dürfte. In dieser seltsamen Blattbildung einerseits und in der breitgedrückten (also zweikantigen) Blüthendecke anderseits liegt der wesentliche Charakter dieser Gattung. Fruchtstiel meist 1—2 cm lang. Fruchtreife bis Ende Frühling.

1. Blätter fast bis auf den Grund getheilt, der größere (hintere) Blattlappen zungenförmig, durchaus nicht zugespitzt. 2.
   Der größere (hintere) Blattlappen ei-lanzettlich, zugespitzt. 3.
   Der größere (und oft ebenso der kleinere) Blattlappen kreis- oder plump-eiförmig, abgerundet (höchstens mit plötzlich aufgesetztem oder sehr plumpem Spitzchen). 6.
2. Blätter gegen die Lappenspitzen hin gesägt, überaus charakteristisch stets von einer weißen Mittellinie durchzogen, welche aus gestreckten durchsichtigen Zellen gebildet wird; der hintere Lappen etwas rinnig vertieft, zurückgebogen, vorderer Lappen $^1/_2$ so groß, meist kurz gespitzt, fast aufrecht dem Stengel flach angedrückt (während der hintere Lappen fast wagerecht). Stengel 2—5 cm hoch, aufrecht, nur am Grunde Wurzeln treibend. Besonders in Buchenwäldern und unter hohen Gebüschen, an Gräben, Hohlwegen u. s. w., gern auf lehmigem Boden; meist ausgedehnte Rasen bildend. In Gebirgen gemein; Fr. im Mai. (Fig. 8.) Sc albicans L.
   — groß, blaß, ganzrandig, höchstens etwas zähnig ausgerandet; der hintere Lappen flach, halbbogig ausgeschnitten, daher säbelförmig gebogen; vorderer Lappen nur $^1/_3$ so groß, verkehrt eiförmig, stumpf, höchstens mit aufgesetztem stumpfen Spitzchen, fast aufrecht (während die hintern fast wagerecht). Blüthendecke groß, eiförmig, mit faltiger Mündung, das ganze Jahr vorhanden. Stengel 4—10 mm hoch, aufsteigend, abwärts kümmerlich beblättert, etwas unter dem Gipfel wurzelnd. — An ähnlichen Standorten wie die vorige. Fr. vom Herbst bis in den Frühling. Sc. obtusifolia Hook.

3. Blätter entfernt- aber scharf- oder dornig-gezähnt. 4.
— völlig ganzrandig; siehe die Gatt. Jungermannia.

4. Blätter nur etwa bis zur Hälfte getheilt; beide Lappen gleich gerichtet. 5.
— fast bis zum Grunde getheilt, entfernt aber scharf gesägt; beide Lappen überaus charakteristisch verschieden gerichtet: der hintere Lappen mehr wagerecht abstehend (in einem Winkel von 50°, dagegen der vordere fast aufrecht in einem Winkel von 10°), abgekrümmt, länglich, scharf zugespitzt, abwärts leicht gewölbt, sich nicht deckend-berührend; der vordere ½ so lang, eiförmig, zugespitzt, flach dem Stengel angedrückt, sich schuppenartig deckend. Stengel 1—2 cm lang, aufrecht, schlängelig verbogen, nur am Grunde Wurzel treibend, mit eingekrümmtem Gipfel. — An Waldwegen, Schluchten u. s. w. auf sandigem Boden; nur in Gebirgen, Fr. vom März bis Mai. (Fig. 9.) Sc. umbrosa N. ab Es.

5. Blätter kaum ¼ gespalten; beide Lappen von fast gleicher Gestalt und Größe, sanft gewölbt, eiförmig mit kurzer Spitze, entfernt- aber scharf- oder gar dornig-gesägt. Stengel aufrecht, gerade, gabeltheilig, schwärzlich, etwa 2—5 cm lang, kaum am Grunde Wurzeln treibend. An nassen Felsen; besonders in den Alpen, in den norddeutschen Gebirgen fehlend. Olivenbraune, gleichhohe, lockere Polster. Fr. im Sommer. Sc. aequiloba N. ab Es.

Blätter bis zur Mitte gespalten, meist entfernt- aber scharf-dornig gezähnt; der hintere Lappen eiförmig, scharf gespitzt, der vordere nur ½ so groß, länglich-rautenförmig. Stengel 1—2 cm lang, oft schlaff verbogen, aufsteigend, gelbgrün oder bräunlich, nur am Grunde Wurzeln treibend. Gelbgrünliche oder trübgrüne (bei der Form Sc. rosacea roth angehauchte) dichte, gleichhohe Rasen bildend oder vereinzelt. — Auf Waldungen, in Schluchten (gern in Gesellschaft von Dicranum heteromallum); nicht zu häufig. Fr. vom Herbst bis Frühling, selten vorhanden. Sc. curta N. ab Es.

---

6. Beide Blattlappen von fast gleicher Form und Größe, auch stets gleich gerichtet. 7.
Der hintere Blattlappen doppelt so lang als der vordere. 8.

7. Blattlappen eiförmig, plump zugespitzt. Vergleiche Sc. aequiloba.
— kreisrund, allenfalls mit kurzem aufgesetztem Spitzchen, scharf gesägt, flach, beide von fast gleicher Gestalt und Größe, wagerecht. Stengel 2—5 cm lang, schlaff, aufrecht, schwarz-braun, am Rücken mit kurzen filzigen Würzelchen. — Fast nur in den Alpen, in

andern Gebirgen sehr selten; an feuchten Felsen lockere Rasen bildend. (Fig. 7.) **Sc. subalpina N. ab Es.**

Stengel nicht über 1—2 cm hoch, robust, aufrecht oder liegend mit aufsteigenden Spitzen, am Rücken lange blasse Würzelchen treibend. Blätter eirundlich, eckig-gestutzt, ausgerandet. — Auf sonnigen lehmsandigen Plätzen, in Haiden, an Grabenrändern (gern in Gesellschaft von Buxbaumia aphylla und Bryum nutans). Fr. im Frühling. **Sc. compacta N. ab Es.**

8. Stengel 3—9 cm hoch, aufrecht, schwarzbraun, abwärts blattlos, gegen den breitgedrückten, büscheligen Gipfel hin mit allmälig größer und reichlicher werdenden Blättern besetzt; nur am Grunde etwas wurzelnd. Die Blätter ziemlich groß, fast wagerecht, schlaff, trocken kraus verbogen, $^2/_3$ gespalten; die Blattlappen von ziemlich gleicher Form, ei- oder annähernd kreisrund, völlig abgerundet, flach (nicht gewölbt), entweder scharf gezähnt oder wimperig-gedornt, oder ganzrandig, oft wie ausgenagt, fast kerbig-gezähnt (so besonders unter dem Einflusse nasser Standorte), in trocknem Zustande wogig-verbogen kraus. Rasen grün oder schwarzgrün bis schwärzlich, dicht, gleichhoch, polsterförmig, oft weite Strecken überziehend. — Besonders in Gebirgen an nassen Orten, an Wasserfällen, von Waldbächen überrieselten Steinen, nassen oder feuchten Felsen; sehr häufig. Fr. Ende Frühling und Sommer. **Sc. undulata N. ac Es.**

Eine zumal je nach dem Alter und der Oertlichkeit in mannichfachem Formenwechsel vorkommende Species; es seien die wesentlichsten, besonders in höheren Gebirgen vorkommenden Formen aufgeführt:

A. Die Blätter jugendlicher Pflanzen scharf gezähnt.

laxa (Sc. resupinata früherer Autoren). Schlaffe Rasen mit sehr entfernt gestellten, freudig grünen Blättern.

tortifolia — — — gedrängten geblichgrünen Blättern; der größere Lappen abwärts gekrümmt, der kleinere bogig aufgerichtet.

aequata Blattlappen fast völlig gleichgroß, nur der äußere mit gezähneltem Rande.

B. Die Blätter älterer Pflanzen ganzrandig.

purpurascens Blätter flatterig, gedrängt, röthlich oder roth.

rivularis Stengel bis fingerlang; Blätter grün, düstergrün oder röthlich, flach, entfernt gestellt

Blattlappen (wenigstens der kleinere) herzförmig-spitz. 9.

9. Blätter fast wagerecht abstehend; Lappen beide flach, gleich gerichtet und von gleicher Herzform und kurz aber scharf zugespitzt, entfernt aber scharf gezähnt, der hintere Lappen etwa dop-

pelt so groß als der vordere. Stengel 2–8 cm lang, meist einfach, aufrecht, röthlich, durchsichtig, schlaff, verbogen, mit abwärts kleiner, entfernter und farblos werdenden Blättern; Rückseite bis in die Gipfel Wurzeln treibend. — Dichte gelbgrüne, oft roth angehauchte Polster, auf feuchten Wiesen, Sümpfen und in und an Bächen (gern in Gesellschaft von Sphagneen und Hypnum cuspidatum). Früchte im Frühling, selten. Sc. uliginosa Swartz.

Der hintere Lappen dreimal so groß als der vordere, fast wagerecht, eiförmig, abgerundet, etwas gewölbt, stets scharf dornig-gesägt (wie auch der vordere Lappen); der vordere schief-herzförmig zugespitzt, schräg aufrecht, daher sie sich deckend. Stengel 2—5 cm lang, in der Mitte gegabelt, aufrecht, rothbraun, steif, abwarts mit kleinen und abgestorben-farblosen, aufwärts mit allmählich größeren hellgrünen oder olivenfarbigen Blättern, nur am Grunde Wurzeln treibend. — Ziemlich dichte, gleichhohe, oft rundliche Polster bildend; liebt lehmhaltigen Boden, in Wäldern an Hohlwegen, Schluchten, aufgeworfenen Grabenrändern u. s. w.; im Gebirge häufig, seltener in der Ebene. Früchte im Frühling und sehr häufig. (Fig. 10). Sc. nemorosa N. ab Es.

Abarten: purpurascens, purpurröthliche Blätter, abwärts blattloser Stengel.

rivularis, entfernte, sattgrüne Blätter, verlängerter, fast schwarzer Stengel.

Jungermannia L., Jungermannie.

Pflänzchen von verschiedenartigstem Habitus. Blüthendecke vorhanden und bis auf den Grund frei, länger oder doch so lang als die Hüllblätter, durchweg oder doch an der Spitze kantig-faltig, mit zähnig sich spaltender Mündung.

1. Nebenblättchen den Stengelblättern gleich an Größe und Form, daher der Stengel 3-zeilig beblättert: alle Blätter bis auf den Grund 2—4-spaltig. Dadurch das ganze Pflänzchen von äußerst zartem Aussehen. 2.
— anders als die Stengelblätter (hauptsächlich weit kleiner), oder ganz fehlend. 7.
2. Stengel niederliegend, locker beblättert, flache, überaus zarte Rasen bildend. Blätter bis auf den Grund in stielrundlich pfriemliche Lappen getheilt. 3.
— aufrecht, durch gedrängte, dicht angedrückte Beblätterung stielrund-kätzchenfömig; dichte schwammige Polster bildend. Blättern ½—⅔ tief in lanzettliche Lappen gespalten. 4.

3. Stengel wenige mm bis 2 cm lang, schlaff niederliegend geschlängelt, unregelmäßig verzweigt, die Aeste fast wagerecht-abstehend und aufsteigend, abwärts entfernt- und aufwärts dicht-beblättert, am Gipfel kopfig-gehäuft. Blätter überaus winzig, bis auf den Grund in 3–4 gerade wimperförmige (pfriemliche), scharf gespitzte, aus einer Zellenreihe bestehende Lappen getheilt, auch trocken aufrecht-abstehend. Blüthendecke länglich-eiförmig, weißlich. — In der Ebene wie im Gebirge in schattig-feuchten Wäldern, an sandlehmigen Wegrändern, Felsen, morschen Baumwurzeln; weichliche, grüne oder gelbgrüne Ueberzüge von konfervenartigem Aussehen bildend. Ueberall häufig. Früchte im Frühling und Sommer. (Fig 11.) J. **trichophylla** L.

— 1—2 cm lang, fädig zart, geschlängelt, fiederig-verzweigt, die Aeste kurz, aufrecht-abstehend und aufsteigend, auch aufwärts nicht dicht beblättert, in trocknem Zustande steifzerbrechlich (bei der vorigen Art auch trocken weich). Blätter bis auf den Grund in 2—3 derbe, stielrundlich-pfriemliche, eingekrümmte stumpfliche, aus 2—4 Zellenreihen bestehende Lappen getheilt. Blüthendecke ansehnlich, walzenförmig, weißlich. — Auf sumpfigem oder bruchigem Torfboden (gern in Gesellschaft von Sphagneen), besonders im Flachlande; zarte, trüb- oder bräulich-grüne, im trocknen Zustande spröde Häufchen bildend. Früchte im Sommer. J. **setacea** Web.

4. Blattlappen ganzrandig. 5.

— irgendwie gezähnelt oder gesägt. 6.

5. Stengel 4–6 cm lang, schlaff, fadenförmig, am ganzen Rücken mit Wurzelfasern, halb in den Boden eingesenkte Rasen bildend. Blätter klein, locker gestellt, rundlich herzfömig, kielbauchig, mit scharf herzförmiger Bucht, abgerundeten, sich einkrümmenden, trocken zusammenlegenden Lappen. Nebenblätter tief 2-theilig, mit lanzettlichen Lappen. Die Färbung ist olivengrün, an den Gipfeln rostgelb. Auf sumpfigem Moorboden des Oberharzes. J. **Kunzeana** Hübn.

Anm. Hat große Aehnlichkeit mit zarteren Formen von **Sarcoscyphus emarginatus**.

— 1—2 cm lang, äußerst zart fadenförmig; die Stengel auch mit den Blättern nur haardünn, fluthend. Blätter winzigst, entfernt, länglich-oval, bis 1/3 gespalten, mit lanzettlichen Lappen, trocken dicht angedrückt. Blüthendecke klein, mit verschmalertem Grunde. In Alpenbächen an überfluthetem Gestein, sehr selten. J. **Hübeneriana** N. ab Es.

6. Stengel aufrecht, derb 1—2 cm lang, verbogen, gegabelt, durch die dichtgedrängt schuppig-anliegenden Blätter stielrundlich-kätzchenförmig. Blätter winzig, oval zugespitzt, bauchig gedunsen, etwa

bis zur Mitte in zwei oval-lanzettliche spitze, ausgenagt-gezähnelte Lappen getheilt. — Nur auf Alpengipfeln an der Schneegrenze auf feuchtem Felsen oft weithin verbreitet; dichte, spröde, gleichhohe, bräunlich-grüne Rasen bildend, welche durch die von der Kälte weißlich abgestorbenen Astspitzen meist einen weißlichen Schimmer haben. Diese Art ist nicht zu verwechseln mit dem auf den ersten Blick habituell ähnlichen Gymnomitrium concinnatum. J. julacea Lightf.

— aufrecht, 2—5 cm lang, schlaff (trocken spröde), gegabelt, wie bei voriger durch die überaus dichte und angedrückte Beblätterung stielrund-kätzchenförmig; meist gegen die Mitte rankenartig aufsteigende Ausläufer treibend, welche entfernter beblättert sind. Die Blätter ähnlich wie bei vorigen, aber fast bis zum Grunde in 4 breite lanzettliche, spitze, gekrümmte Lappen getheilt, welche durchweg dornig-gezähnt sind. — Nur auf Gebirgshöhen (Brocken Schneekoppe), zwischen feuchten Felsblöcken; gelbgrüne bis grünlichbraune, derb-schwammige, aufrechte, dichte Polster bildend; selten. J. setiformis Ehrh.

---

7. Blätter ganz (d. h. weder ausgebuchtet noch gezähnt, noch mit lappig-zertheilter oder noch irgendwie ausgeschweifter Spitze). (Fig. 23, 24). 59.
   — an ihrer Spitze gezähnt, ausgeschnitten, oder gebuchtet. (Fig. 12—22.) 8.
8. Blätter mittelgroß (etwa 1 mm lang und breit), mit 3—6 Zähnen oder Lappen. 9.
   — mit 2 Lappen. 19.
9. Nebenblättchen fehlen. 10.
   — vorhanden. 13.
10. Stengel nur wenige mm bis kaum 1 cm lang. Blätter mit buchtig 2—3-lappiger Spitze und am Vorderrande mit noch einem Unterzahn. 37.
   — länger. Blätter 3—4-lappig, ohne seitlichen Unterzahn 11.
11. Blattlappen ganzrandig. 12.
   — zähnig ausgeschweift. Siehe J. incisa.
12. Stengel 1—2 cm lang, straff, am Grunde glänzend kastanienbraun, nackt. Blätter vertikal, abstehend, fast quadratisch, stumpf, 3-lappig, am Rande 3-faltig, am Rande und in der Mitte mit sackartiger Falte, fettglänzend. Nur steril bekannt. Auf verwittertem Granit der Alpen, braungrüne Polster bildend. J. polita N. ab Es.

Blätter 3—4-lappig, am Gipfel kopfartig zusammenstehend, glanzlos. J. **Mildeana Gottsch.**

13. Die Blätter bilden beinahe ein Viereck, ohne eigentliche Rundung. 14.

— — irgendwie etwas gerundet, oder quadratisch mit aber abgerundetem (verschmälertem) Grunde. 15.

14. Stengel niederliegend mit kurzaufgebogenen Spitzen, geschlängelt, 2—6 cm lang, aufwärts gegabelt, am Rücken mit blassem Wurzelfilz; Beblätterung fast derb, grün, aber besonders den Stengel abwärts olivengrünlich, bräunlichgrün, oder rostbraun und am Grunde weißlich erstorben. Blätter zweizeilig wagerecht abstehend, schräg angefügt (durchaus nicht wie bei der sehr ähnlichen und häufig verwechselten J. **quinquedentata** gerade-halbumfassend), so daß der vordere Anheftungspunkt auf der Seite des Stengels sich befindet und daher letzterer als braune offene gerade Furche sichtbar bleibt, wodurch sich diese Art auf den ersten Blick kennzeichnet, sich deckend mit den obern Seitenrändern (mit nicht verschmälertem Grunde), so lang als breit, flach-gewölbt, eben (völlig faltenlos), trocken nicht zusammenschrumpfend, 3—4-zähnig-ausgeschnitten; die Zähne kaum ¼ des Blattes betragend, breit und spitz, gleich oder ungleich (meist der mittlere am größten, nie wie bei J. **quinquedentata** der obere), ganzrandig. Nebenblätter klein, meist nur an den ausläuferartigen Trieben vorhanden. Früchte sehr selten, reifen im Frühling. Blüthendecke eiförmig, mit faltig zusammengezogener, gezähnelter Mündung. — In trocknen Laubwäldern am Grunde alter Bäume, an Felsen, feuchtem Gestein, selten auf bloßer Erde. In der Ebene und in Gebirgen; nicht zu häufig. (Fig. 15.) J. **barbata Schreb.**

— 2—5 cm lang, aufrecht, nur am Grunde wurzelnd. Blätter viereckig, aufrecht-abstehend (50°), schräg-halbstengelumfassend, sich etwas deckend; fast flach, aber etwas wellig gefaltet, mit meist nur 3 Lappen, welche gleichgroß, kurz und breit, stumpf (oft mit aufgesetztem Spitzchen), meist sich etwas einkrümmend. Blüthendecke schlank, 4—5-kantig gefaltet, mit enger, wimperig-gezähnter Mündung. — Nur auf höheren Gebirgen, an und in seichten Bächen dichte aufrechte freudig-grüne Polsterrasen bildend. Sehr selten. (Fig. 18.) J. **Naumanni N. ab Es.**

15. Blätter in ihrem ganzen Umfang oder wenigstens mit dem Vorderrande an der Ausbuchtung theilnehmend. 16.

— rundlich-viereckig, an ihren Seitenrändern (ihrem Vorder- und Hinterrand) findet keine Ausbuchtung statt, nur an der Spitze. 17.

16. Stengel niederliegend-angewurzelt oder aufsteigend, 2—5 cm lang, trocken starr-zerbrechlich; Beblätterung grün, meist gelbgrün oder

olivenbräunlich, am Grunde abgestorben-weißlich. Blätter wagerecht, nur etwas schräg oder gerade halbstengelumfassend (so daß der schwarzbraune Stengel nicht wie bei J. **barbata** als gerade, sondern zickzackförmig-gekräuselte braune Furche sichtbar ist), sich wenig deckend; rundlich-viereckig (aber nur so lang als breit), am Grunde gehöhlt, außerdem flach, 3—5-zähnig-ausgeschnitten, wogig-faltig; die Zähne nur auf die Vorderseite des Blattes herabgeführt, stumpf, mit aufgesetztem Spitzchen. Blüthendecke verkehrt-eiförmig, der Länge nach 5—6-faltig. Oft gleichhohe büschlige Polster bildend, meist aber platt angedrückt kriechend. — An feuchten Felsen, nassem Geröll, seltener auf bloßer Erde. (Fig. 17.) J. quinquedentata Web.

Stengel niederliegend, unverbogen, derb, bis 7 cm lang. Blätter groß, schräg angefügt, ziemlich fast kreisrund, sanft gewölbt, fein wogig-runzelig (erinnernd an Hypnum undulatum in dieser Beziehung und auch außerdem, nur etwas kleiner), stumpf-buchtig, 3—5 zähnig; die Zähne erstrecken sich rings um das ganze Blatt, sind breit, gleich, stumpf, mit aufgesetztem dornartigen Spitzchen. — In Nadelwäldern der Gebirge, an Felsen sowie auf der Erde. Flach angedrückte, zartgrüne Rasen bildend. J. lycopodioides. Wallr.

17. Stengel straff niederliegend, kaum über 1 cm lang, einfach, am Rücken lange violette Wurzeln treibend. Blätter schräg angefügt, wagerecht, fast viereckig mit keilförmig verschmälertem Grunde, meist kielfaltig-aufgebogen, wenig verbogen, an der Spitze seicht ausgeschweift, dadurch mit 2—3 sehr kurzen rundlichen Lappen. Blüthendecke glockig, weit geöffnet, mit kerblappiger Mündung. Kapsel kugelrund, sich nicht klappig öffnend, sondern einzigartig ganz unregelmäßig zerreißend. — Vereinzelt oder in lockeren grünlichen Häufchen wachsend. — Auf lehmigen Wiesen, Feldern, an feuchten Waldplätzen; nicht häufig. J. pusilla L.

Blätter mit stumpfen oder spitzen Ausschnitten; die Zähne stumpf oder scharf zugespitzt. 18.

18. Stengel liegend-aufsteigend, einfach oder gabelästig, 1—3 cm lang, schlaff, verbogen, ihre Spitzen zu andersartig beblätterten steifen, stielrundlich-walzenförmigen Flagellen verlängert; am Rücken lange Wurzeln treibend. Blätter des Stengels halbstengelumfassend, kaum mittelgroß, aufwärts gedrängt, rauten-eiförmig, kielfaltig, oft fast zusammengelegt, 2—4-zähnig, die Zähne und die Ausschnitte scharf oder stumpflich. An den Flagellen sind die Blätter noch mehr gedrängt, steil aufgerichtet, etwas kleiner, eiförmig, gehöhlt, an ihren Spitzen meist mit gelbgrünen Keimstaubkügelchen. Blüthendecke keulenförmig, mit gefalteter Mündung. — In Gebirgen,

besonders in den Alpen, an schattig-feuchten Felsen sowie an Geröll und Baumwurzeln; nicht häufig. Lockere, hellgrüne, am Grunde gestorben-weißliche Rasen bildend. J. attenuata Mart.

laetevirens, schlaff, entfernt-beblättert, fast ohne Gipfelflagellen. An feuchten Felsen.

fusca, düsterbraune Polster bildend, die unteren Blätter 3-zähnig, die oberen 2-zähnig und steil; mit steifen kätzchenförmigen Gipfelsprossungen. Auf torfigen Gebirgssümpfen.

Stengel niedergestreckt, derb, hin und her gekrümmt, 1—2 cm lang, einfach, oft aber Ausläufer treibend, mit langen wasserhellen absteigenden Wurzelfasern (nicht kurz filzwurzelig), dicht beblättert. Blätter fast flach, eben (faltenlos), mit scharfen Einschnitten und kurzen aber scharf gespitzten 3 Zähnen; schräg ansitzend, mit vorgezogener unterer Basis, trocken sich zusammenneigend. Nebenblättchen stets bestens ausgebildet und sich deckend. — Nur in höheren Gebirgen an erdbedeckten Felsen sowie auf schwarzer Erde; braungrüne oder gelbbraune bis rothbraune Rasen bildend, oder vereinzelt zwischen anderen Moosen. J. Floerkii W. et M.

---

19. Stengel aufrecht, nur am Grunde wurzelnd; einfach, oder anliegend gegabelt; oft Flagellen treibend. Blätter fleischig-lederartig, undurchsichtig, höchstens 1/3 ausgebuchtet, feucht abstehend, trocken steil aufgerichtet und sich deckend, daher der Stengel von kätzchen- oder kettenartigem Aussehen; Blattzellen sehr klein, rundlich-sechseckig. Polster bildend, welche feucht fleischig-weich, trocken steif und spröde sind. 20[1]).

— niedergestreckt oder liegend-aufsteigend, den Rücken entlang Wurzeln treibend, Blätter etwas fleischig oder häutig (meist sehr dünnhäutig); Blattzellen meist ansehnlich, sehr durchsichtig, rundlich- oder länglich-eckig. 21[2]).

---

[1]) Nur wenn die Blätter nicht allzu dicht stehen und in trockenem Zustande nicht angedrückt sind, siehe Nr. 20. Anderenfalls wird man es mit folgenden Gattungen zu thun haben:

a) Blätter dicht gedrängt und schuppenartig angedrückt (auch im feuchten Zustande), so daß die Stengel und meist büscheligen Aeste ein an Bryum argenteum erinnerndes glatt-kätzchenartiges (meist keulenförmiges) Aussehen haben. Blüthendecke fehlt. Siehe die Gattung Gymnomitrium.

b) Blätter dicht gedrängt, trocken angedrückt, aber feucht fast wagerecht abstehend. Stengel einfach oder gegabelt, am Grunde meist mit umherschweifenden, oft fein beblätterten Wurzelranken; am Grunde nackt oder abgestorben-beblättert. Die Rasen der Erde halb eingesenkt. Blüthendecke scheinbar fehlend. Siehe die Gattung Sarcoscyphus.

[2]) Auch Nr. 21 führt auf die Arten von Nr. 20.

20. Stengel 1—2 cm lang, völlig einfach, verbogen. Blätter ziemlich groß (mindestens 1 mm breit), nicht gedrängt, nicht sich deckend, aber an den Gipfeln zu isolirten Knöpfchen in einander geschlossen, halbstengelumfassend (aber weder schräg noch irgendwie herablaufend), wagerecht-abstehend, trocken ihre Richtung nicht ändernd (sich nicht aufrichtend), durchaus nicht gekielt noch zusammengelegt, sondern löffelartig, d. h. am Grunde gehöhlt und oben geöffnet und verflacht; rundlich oder eiförmig, an der Spitze 1/3 mit stumpfer Bucht, stumpfen, ungleich großen Lappen, Blüthendecke glatt, gedunsen birnförmig, mit anfangs zusammengezogener Mündung, weit vorragend. Olivengrüne bis braunrothe Polsterchen bildend. In lehmsandigen Wäldern an Hohlwegen u. s. w,; nicht häufig. J. inflata Huds.

— 1—3 cm lang, fadenförmig, meist etwas gegabelt, verbogen, durch die meist überall gleiche Beblätterung von kettenförmigem Aussehen. Blätter klein (nur etwa 0,2—0,6 mm lang), scheidig-halbstengelumfassend, im Winkel von 50° abstehend, trocken sich aufrichtend; viereckig-eiförmig, kielfaltig, daher die Blatthälften zusammenneigend; mit scharf-winkeligem, kurzem Ausschnitt. Lappen kurz, zugespitzt oder stumpf. An den Stengelgipfeln sind die Blätter knöpfchenartig-gedrängt. Blüthendecke gedunsen-eiförmig, längsfaltig, den Hüllblättern halb eingesenkt. An nassen Felsen, auf der Erde zwischen Geröll auch auf Sumpfboden; gelbgrüne oder (an sonnigen Orten) rostfarbene Lager oder Polster bildend, noch öfter andern Moosrasen (Dikraneen) einzeln eingemischt; häufig. (Fig. 19.) J. minuta Dicks.

21. Blätter winzig (mit bloßem Auge ist ihre Form nicht zu bestimmen), bis zu ihrer Mitte gebuchtet; die Lappen hörnerartig oder ei-lanzettlich, d. h. pfriemlich- oder lanzettlich-zugespitzt. (Fig. 12—14.) 22.

— nur 1/5—1/3 gebuchtet; die Lappen entweder zugespitzt oder abgestumpft oder völlig abgerundet (Fig. 13—22.) 32.

22. Nebenblättchen vorhanden. 23.

— fehlen. 24.

23. Stengel 1,5—4 mm lang, zart, kriechend, Blätter fast vertikal, rundlich, bauchig, 2-spaltig, mit divergirenden stumpflichen Lappen. Nebenblättchen etwas abstehend, 2-spaltig. — In Gebirgen auf feuchtem Sand- und Haideboden, oft nur winzige, zarte grüne Flecke bildend; Sehr zerstreut. J. Starkii N. ab Es.

— wenige mm lang, aufrecht, Blätter halb-vertikal, rundlich, bauchig, 2-spaltig, mit konvergirenden spitzigen Lappen. Nebenblättchen lanzettlich, pfriemlich zugespitzt, ganz, wechselnd 2-reihig. — Auf den Alpen, als kleine Räschen auf Barbula tortuosa. J. tumidula N. ab Es.

24. Blätter mit bogigem Ausschnitt. 25.
— — winkeligem Ausschnitt. 27.

25. Lappen stielrundlich-pfriemlich (gemshörnerförmig). 26.
Stengel 1—2 cm lang, schlaff, dünn, umherschweifend. Blätter kreisrund, flach, rundlich ausgeschnitten, wagerecht, schräg, auffällig herablaufend und dadurch die Stengel flügelnd; Blattlappen breit lanzettlich, kurz, plump gespitzt, sehr zusammengeneigt. Zwischen den größeren Blattzellen sind kleinere eingestreut, Blüthendeckensaum zerschlitzt. — Meist anderen Moosen wirr eingemischt, auf Torfmooren oder Waldboden am Geröll, alten Baumstümpfen; nicht häufig. (Fig. 13.) J. connivens Dicks.

26. Stengel zart, 5 mm bis 2 cm lang, verbogen, kriechend, mit umherschweifenden Aesten; diese an ihren jüngern Enden verdünnt, entfernt beblättert. Blätter eiförmig, bauchig, weit gebuchtet, aufrecht-abstehend, schräg-halbstengelumfassend (nicht herablaufend); Blattlappen sehr zusammenneigend. Blüthendecke 3-kantig. Fast nur in Gebirgen, an Wald- und Hohlwegen, erdbedeckten Felsen, auch an faulenden Baumstämmen, sehr zarte, weiche, bleichgrüne, niedergedrückte Ueberzüge fast von konfervenartigem Aussehen bildend; nicht häufig. J. curvifolia Dicks.
— zart, 5 mm bis 2 cm lang, kriechend, kettenförmig, mit geraden, durchweg gleichmäßig-dicht beblätterten Aesten. Blätter herz-eiförmig (mit verschmälertem Grunde ansitzend), bauchig hohl, mit fast zusammengebogenen Rändern, fast wagerecht abstehend; Lappen wasserhell (bei der vorigen von der Farbe des Blattes). Blüthendecke klein, cylinderig, nur mit faltiger Mündung. Bloß in hohen Gebirgen, besonders in den Alpen; am Grunde morscher (Nadel-) Bäume; sehr selten. (Fig. 14.) J Baueri Mart.

27. Blattausschnitt stumpfwinkelig; Lappen spitz. 28.
— enge, spitz-winkelig, Blätter nicht herablaufend, wenig breiter als der Stengel. Zellnetz engmaschig. Räschen oder Ueberzüge von ganz konfervenartiger Zartheit. 29.

28 Stengel 0,6—1,5 cm lang, zart, liegend-aufsteigend, ohne Wurzeln. Blätter rauten-eiförmig (länglich 4-eckig), spitzwinkelig oder stumpfbuchtig ausgeschnitten, halbstengelumfassend (aber nicht herablaufend), fast wagerecht abstehend, etwas weitläufig; Lappen lanzettlich, scharf gespitzt, etwas divergirend an den niederliegenden Zweigen (an den aufsteigenden Zweigen etwas convergirend). Blüthendecke walzenförmig, hoch hervorragend (mehrere mm), mit 3-kantigem gekerbten Saume. Dichte, oft handgroße, aber zarte,

Häufchen bildend, häufig andern Moosrasen einzeln eingemischt, in Wäldern an Hohlwegen, Gräben u. s. w.; sehr häufig. (Fig. 12.) J. bicuspidata L.

— kaum über 1 cm lang, liegend-aufsteigend, nur am Grunde bewurzelt, durch dichte Deckung der Blätter kettenförmig. Blätter eiförmig, hohl, scharf-buchtig ausgeschnitten; Lappen lanzettlich, spitz, fast aufrecht. Blattzellen gleichartig. Blüthendeckensaum bewimpert. Dichte Häufchen und Ueberzüge an Standörtern wie die vorige; nur in Gebirgen, selten. J. catenulata Hübn.

29. Blattlappen sichelförmig zusammengeneigt. 30.

— gerade oder divergirend. 31.

30. Stengel kaum bis 2 mm lang, kriechend, mit verlängerten, haardünnen Aesten. Blätter etwas länger als der Stengeldurchmesser, rundlich-quadratisch, fast vertikal; Lappen fast oval, zugespitzt, ganzrandig. Hüllblätter mit breiten, stumpflichen, ganzrandigen Lappen. Schmutzig braungrüne Polsterchen auf der Erde; selten J. Hampeana N. ab Es.

— ebenso. Blätter kaum länger als der Stengeldurchmesser, fast kreisrund, halbvertikal; Lappen (wenigstens an den oberen Blättern gezähnt, fast gesägt Hüllblätter mit spitzen, gezähnten Lappen, unten grün, in der Mitte blutroth, oben wasserhell; von gleicher Färbung ist die spindelförmige Blüthendecke. Nur in den Sudeten (bei Karlsthal) aufgefunden, wo sie auf festgetretener Erde von Waldwegen rothbraune Ueberzüge bildet. J. rubella N. ab Es

31. Stengel 2—5 mm lang, einfach, kriechend. Blätter ei-rundlich, Lappen gerade. Zellnetz weitmaschig. Sehr zarte bleichgrüne Räschen, auf wenig betretenen schwarzerdigen Wegen; sehr selten. J. Menzelii. Corda.

— wenige mm bis 1 cm lang. Blätter sehr entfernt gestellt, winzig, rundlich quadratisch; Lappen gerade oder divergirend. Zellnetz engmaschig Büchse winzig, auf etwa 1 cm hohem Fruchtstiel Das ganze Pflänzchen grün oder grünlich-braun. Dichte sammetene, dunkelgrüne Ueberzüge auf trocknem Heideboden (gern in Gesellschaften von Buxbaumia aphylla und Polytrichum piliferum), an Hohlwegen u. s. w.; eine olivenbraune überaus zarte Form mit divergirenden Blattlappen und hin und her geschlängelten Stengeln (var. filiformis) auf Sümpfen und moorigen Plätzen; ziemlich häufig. J. divaricata N. ab Es.

32. Blätter $^1/_3$—$^1/_4$ gebuchtet; Blattlappen plump-kurz, stumpf oder etwas zugespitzt (aber nie pfriemlich zugespitzt). 33.

— nicht eigentlich gebuchtet noch gezähnt, sondern nur mit ganz sanfter Ausschweifung (etwa $^1/_{10}$). Siehe die Gattung Chiloscyphus

33. Nebenblättchen vorhanden. 34.
— fehlen. 37.

34. Stengel kätzchenförmig (in Folge der ziemlich aufrechten, sich schuppig deckenden, etwas fleischigen Blätter). Blätter dicht gedrängt, alle ziemlich gleichförmig, mit kurzen, convergirenden und sanft eingekrümmten Lappen. Nebenblättchen breit-lanzettlich, ungetheilt. 36.
Nebenblättchen 3—4-fach gespalten (bis auf den Grund). 35.
Nebenblättchen eilanzettlich, in zwei pfriemliche Zähne gespalten. (Fig. 28.) Siehe die Gattung Geocalyx.

35. Stengel 0,5—2 cm. lang, gabelig. Blätter halbvertikal, etwa 1 mm. groß, fast oval, $^1/_3$ stumpf ausgebuchtet, flach, halbstengelumfassend; Lappen ungleich, spitz oder stumpflich. Nebenblättchen lanzettlich, dreispaltig oder wimperig-gefiedert, gespitzt. Blüthendecke walzenförmig, lang, mit faltiger Mündung. In Gebirgen, an feuchten Kalkfelsen gern zwischen andern Moosen zerstreut; selten. J. Mülleri N. ab Es.
— ziemlich flach. Blätter verschieden: die untern Blätter mit spitzen, die obern mit gerundeten Buchten und Lappen. Nebenblättchen 3—4-fach bis zum Grunde gespalten. Ueberall gemein. (Fig. 26). Siehe Gattung Lophocolea.

36. Stengel 1—2 cm lang, von wurmartigem Aussehen, liegend-aufsteigend, am Grunde gern mit klein- und entfernt-beblätterten Flagellen mit knöpfchenartig verdickter Spitze. Blätter dicht gedrängt, schräg halbumfassend, zart, durchsichtig, mittelgroß, eirund, etwas gewölbt, mit kleinem, stumpfem Ausschnitt; die Lappen kurz und breit, aber scharf gespitzt, etwas zusammenneigend. Nebenblättchen ansehnlich, ziemlich genähert, so daß sie sich berühren, abgebogen, spitz. Blüthendecke eiförmig, mit dreikantiger, gezähnter Mündung. In Gebirgen, an feuchten Felsen, erdigem Geröll; bleichgrüne oder weißliche dichte Räschen bildend. (Fig. 22.) J. scutata W. et M.
— 1—2 cm lang, derb, fleischig-kätzchenartig, mit verdickt abgerundeten Spitzen. Blätter eirund, starkbauchig, mit kleinem scharfen Ausschnitt, die Lappen kurz und breit, stumpflich. Nebenblättchen klein, stumpflich, angedrückt. Blüthendecke sehr klein, länglich eiförmig. Nur auf alpinen Höhen auf nackten schlüpfrigen Stellen, wo vor kurzem der Schnee weggeschmolzen; selten. J. albescens. Hook.

37. Blätter 2—6-lappig, außer ihren Spitzenlappen oft noch mit einem seitlichen Zahn (Unterzahn). 38.

Anm. Wenigstens einige Blätter eines jeden Stengels haben solchen Zahn.

— 2-lappig; seitlich ganzrandig. 41.

38. Blätter 2—4-lappig, Lappen ganzrandig; trocken straff bleibend. 39.
Stengel niederliegend-aufsteigend, meist einfach, 1—2 cm lang, derb, fleischig, dicht beblättert. Blätter halbstengelumfassend, fast quadratisch, etwas gekräuselt, kielfaltig zusammengelegt (nur die untern oft flach geöffnet), unregelmäßig 3—4-lappig, die Lappen mit zähnig-ausgeschweiften Rändern. Blüthendecke bauchig-eiförmig, mit faltig zusammengezogener 6-kerbiger Mündung. — Im Gebirge wie in der Ebene; in Laubwäldern an Hohlwegen, Abhängen u. s. w.; nicht selten. (Fig. 16.) J. incisa Schrad.

39. Stengel kaum bis 1 cm lang, einfach gegabelt, am Rücken einzelne Wurzeln treibend, mit aufsteigenden, derben, entfernt- und klein-beblätterten Flagellen, an deren Spitzen meist ein purpurrothes Köpfchen (aus Keimkörnern bestehend). Blätter fast wagerecht-abstehend, nicht dicht gestellt und sich nicht berührend, eiförmig, gekielt und dadurch etwas rinnig, mit gleichen, scharf gespitzten Lappen, zwischen denen oft noch ein Zähnchen. Blüthendecke kurz eiförmig, wenig hervorragend, mit dreikantig zusammengezogener Mündung. — In Nadelwäldern an alten Baumstämmen; kleine dichte bleichgrüne oder weißliche Häufchen bildend, sehr selten. J. Helleriana N. ab Es.
Blätter convex-bauchig. 40.

40. Stengel 2—7 mm lang, kriechend, einfach oder verzweigt, bleich, am Rücken mit Wurzeln. Blätter halb-vertikal, gedrängt, rundlich-quadratisch, die unteren halbmondförmig-, die oberen tief- und stumpf-ausgebuchtet, 2—3-spaltig, mit ungleichen Lappen; an sonnigen Standorten oft mit braunen Staubköpfchen. Hüllblätter etwas größer als die Stengelblätter, bauchig. Blüthendecken oval-dreikantig, etwa 2 mm hoch, mit wimperigem Mündungszähnchen. — In Gebirgen des nördlichen und mittleren Deutschland, nicht selten; in Wäldern, gern an Hohlwegen; kleine, grüne oder (an sonnigen Orten) gelbliche bis bräunliche Räschen bildend. J. intermedia N. ab Es.
— 3—7 mm lang, kriechend aufsteigend, einfach. Blätter fast vertikal, etwas gedrängt, rundlich-quadratisch, klein; die unteren noch kleiner, weit und schief gebuchtet, die oberen mit 3—4 scharf gespitzten ungleichen Lappen, wogig-faltig. Hüllblätter fein gezähnt. — Auf trockenem Sandboden, sehr selten; kleine, lebhaft grüne Räschen bildend. (J. capitata Hüb.) J. arenaria N. ab Es.

41. Blätter mit spitzer (meist herzförmiger) Bucht. 42.
— — stumpfer Bucht. 47.

42. Blätter kielbauchig. 43.
— konvex bauchig oder flach. 45.

43. Blätter rundlich-quadratisch. 44.

Stengel bis 1,5 cm lang, meist einfach, steif niederliegend, mit gekrümmt aufsteigenden Spitzen, am ganzen Rücken Wurzeln treibend. Blätter ei-lanzettlich, gekielt-rinnig-hohl, mit gleichgerichteten, in einem Winkel von 50° vom Stengel abstehenden aber ungleichen Lappen (der vordere zahnförmig und scharf zugespitzt). Blüthendecke cylinderförmig, weißhäutig, mit später offener 5-zähniger Mündung. — Auf lehmigem Sandboden in Wäldern, an Hohlwegen, Grabenrändern u. s. w., auch an feuchten Felsen; rasenartige Uebergänge bildend oder andern Moosen und Flechten eingestreut. In der Ebene wie im Gebirge. J. exsecta Schmid.

44. Stengel am ganzen Rücken bewurzelt. Siehe J. Helleriana.

— 1—3 cm lang, meist etwas gegabelt, verbogen, durch die meist überall gleiche Beblätterung von kettenförmigem Aussehen. Blätter klein (nur etwa 0,2—0,6 mm lang), scheidig, halbstengelumfassend im Winkel von 50° abstehend, trocken sich aufrichtend; viereckig-eiförmig, kielfaltig, daher die Blatthälften rinnig zusammenneigend; mit scharf-winkeligem kurzem Ausschnitt. Lappen kurz, zugespitzt oder stumpf. An den Stengelgipfeln sind die Blätter knöpfchenartig-gedrängt. Blüthendecke gedunsen-eiförmig, längsfaltig, den Hüllblättern halb eingesenkt. — An nassen Felsen, auf der Erde zwischen Geröll, auch auf Sumpfboden; besondere Lager oder Polster bildend, noch öfter andern Moosrasen (Dikraneen) einzeln eingemischt; häufig (Fig. 19.) J. minuta Dicks.

45. Blätter bauchig, ihre Lappen nicht sich auffällig einkrümmend. 46.

Stengel 0,5—1,5 cm lang, schlaff, aufsteigend, klein- und entfernt-beblättert (so daß sich die Blätter nicht berühren), am Rücken lange Wurzeln treibend; am Grunde lange wurzellose, schlaffe, flach niederliegende Ausläufer aussendend, welche die Stengel dicht miteinander verweben. Blätter kreisrundlich, fleischig, wagerecht-abstehend (abwärts am Stengel aber aufgerichtet), schräg angefügt, sanft gehöhlt (an den Aesten ziemlich flach), fast $^1/_2$ scharf und breit eingeschnitten, mit kurzen, breiten, zugespitzten Lappen. Blüthendecken überaus reichlich vorhanden und sehr lang, keulenförmig, mit 4-faltig zusammengezogener 4-zähniger Mündung. — Nur in Gebirgen, auf Lehmboden, an Hohlwegen, Waldrändern, Abhängen u. s. w.; gelbgrüne, dicht gedrängte Rasen bildend; ziemlich selten. J. alpestris Hübn.

46. Stengel kaum 1 cm lang, aufgekrümmt, meist einfach, durch die eingekrümmten Blätter wie gedunsen, durch reichliche Rückenwurzeln bis in die Spitzen meist innig mit einander verwoben; dichte, abwärts kleiner Beblätterung. Blätter punktklein, schräg halbumfassend, einseitig aufgerichtet, sich deckend; rundlich eiförmig,

sanft gewölbt, trocken bauchig eingekrümmt und zusammen neigend, mit scharf herzförmigem Ausschnitt, breiten, kaum gespitzten, etwas eingebogenen Lappen. Blüthendecke gedunsen eiförmig, sehr groß und stets überaus reichlich vorhanden, mit faltig zusammengezogener Mündung. — In den Ebenen wie in Gebirgen; auf lichten, lehmerdigen Waldplätzen und Heiden, an Waldsäumen und Wegen (besonders der Nadelwälder); dichte blaßgrüne oder an sonnigen Plätzen olivengrüne Rasen bildend; nicht selten. (bicrenata Schmid.) J. commutata Hübn

— aufsteigend, straff, gabelig getheilt, mit kätzchenartigen, an der Spitze verdickten Aesten. Blätter sehr gedrängt dachziegelförmig, halbvertikal, oval, bauchig hohl, am Rücken gefurcht, mit etwas zurückgeschlagenem, am Stengel herablaufendem Rande, mit schmaler, spitzer Bucht, kurzen, ovalen, stumpflichen Lappen. Nur steril bekannt. — Im Riesengebirge und auf den Alpen, selten; bildet dichte Polster. J. gymnomitrioides N. ab Es.

47 Blattzellen sehr klein. Blattlappen stumpf. 48.

— von gewöhnlicher Größe. Blattlappen meist spitz. 49.

— kaum durchsichtig, mittelgroß. Stengel 1—3 cm lang, straff, durch die eigenthümlich dichte Beblätterung von kätzchenartigem Aussehen. Blätter mittelgroß, breitrund, bauchig zusammengeneigt; der hintere Lappen völlig abgerundet, dem Stengel anliegend, der vordere zahnartig zugespitzt, eingerollt, aber durchweg mit vom Stengel abgekrümmter Spitze. Die Rasen sind derb, äußerst charakteristisch durch ihre olivengelbe bis braunrothe, im Alter schwarzbraune, immer etwas goldschimmernde Färbung. — Nur in Gebirgen an Felsen; ziemlich selten. (Fig. 20.) J. saxicola Schrad.

48. Stengel 4—8 mm lang, einfach, verbogen, schlaff, trocken starr, rothbräunlich, am Rücken mit Wurzeln, dicht und klein beblättert, Blätter schräg halbstengelumfassend, aufrecht, herz-eiförmig, Seitenränder sanft ausgerandet, mit etwas gehöhltem Grunde und sanft abgebogener oberer Hälfte; 1/4 stumpf ausgebuchtet, mit kurzen, stumpflichen, ungleichen Lappen. Die Blättchen der Innovationen an ihren Spitzen mit gelben Staubkügelchen. — Parasitisch zwischen anderen Moosen, von grüner oder braunrother, nur an den Gipfeln freudig grüner Färbung. — In Sümpfen der der meisten Gebirge; selten. J. orcadensis Hook.

— 2—15 cm lang, triechend, ästig, straff, meist purpurroth, zuweilen grün. Blätter halbvertikal, abstehend, fast flach[1]), oval-qua-

[1]) Fast oder völlig flach sind die Blätter unter den verwandten Arten (Nr. 46—58) nur noch bei J. acuta, alpestris, Libertae.

dratisch, die unteren mondförmig-, die oberen tief- und stumpf-gebuchtet, 2—3-lappig, die Lappen stumpflich, ungleich. Hüllblätter sich umfassend und verwachsend, handförmig 2—5-spaltig. Blüthendecke etwa 2 mm hoch, oval, mit abgestutzter, gezähnelter Mündung. — Besonders in Gebirgen, an Felsen, Baumstümpfen, auf trockenem Moorboden; flache, grüne oder bleichgrüne Rasen bildend. J. porphyroleuca N. ab Es.

49. Blätter mit wogig-ausgeschweiften Seitenrändern. 50.
— — einfach gerundeten Seitenrändern. 52.

50. Stengel 10—15 cm lang, kriechend, mit zahlreichen Rückenwurzeln, fast einfach. Blätter gedrängt, halbvertikal, rundlich-oval, oben schief, herablaufend, die unteren sehr stumpfwinklig-, die oberen eng und spitz gebuchtet, wogig-geschweift, zurückgebogen. Hüllblätter fast quadratisch, mit ungleichen, breiten Lappen. Blüthendecke cylindrig, 3 mm hoch. — Im nördlichen Gebiete bei Neubrandenburg. J. Schultzii N. ab Es.
Blätter kreisrund. 51.

51. Stengel 5—15 cm lang, aufsteigend, einfach oder verzweigt, später rothbraun. Blätter genähert, halbvertikal aufrecht-abstehend, kreisrund, konkav; vorn geschweift oder mondförmig ausgerandet, ungleichmäßig gezähnt. Hüllblätter fast quadratisch, 2—3-lappig. Blüthendecke fast 4 mm hoch, cylindrig. — In Gebirgen an feuchten Steinen und Felsen, nicht häufig. J Wenzeli N. ab Es.
Anm. Blätter sparrig-abstehend, siehe J. socia.
— 1 - 2 cm lang, aufsteigend (fast aufrecht), mit meist sich deckender Beblätterung, am Rücken Wurzeln treibend; mit eingesenktem Grunde; umherschweifende, sehr lange, die Rasen dicht verwebende Ausläufer treibend. Blätter dünn, wagerecht, schräg angeheftet, ziemlich flach, mit oft ausgeschweiften Spitzen, schiefem, halbmondförmigem Ausschnitt; kurzen, breiten, zugespitzten, bauchig zurückgebogenen Lappen. Blüthendecke sehr lang, walzig, anfangs birnförmig, gedunsen, mit kurz 4-faltiger und 4-zähniger Mündung. — In Gebirgen, an Hohlwegen u. s. w., auch an feuchten Felsen; grüne bis gelbliche, handbreite Räschen bildend; nicht selten. J. acuta Lindb.

52. Blattlappen spitz, gleich. 53.
— stumpf, meist ungleich. 57.

53. Blätter kielbauchig. 54.
— konvex-bauchig. 55

54. Stengel 1—2 cm lang, niederliegend-kriechend, nur mit aufsteigenden Spitzen, derb, undurchsichtig, am ganzen Rücken entlang wurzelnd, dicht beblättert, am Grunde mit abgestorbenen farblosen Blättern. Blätter dünn, länglich-viereckig, fast rauten-eiförmig, (oberhalb)

fast wagerecht, mit etwas zusammengekrümmten Spitzen, schräg oder gerade scheidig-stengelumfassend, gekielt-bauchig (die oberen offen), mit halbmond- oder herzförmigem Ausschnitt, lanzettlichen zugespitzten Lappen, welche an ihren Spitzen fast stets gelbgrüne Keimbrutköpfchen tragen. Blüthendecke lang, völlig frei hervortretend, etwas gedunsen, grün, oft mit röthlichem Anflug. — In Wäldern, auf lehmhaltigem Boden, an Hohlwegen, Abhängen u. s. w., auch an feuchten (Sandstein-) Felsen, je nach dem sonnigen oder feuchten Standort aber sehr variirend; grüne oder gelbgrüne dichte Häufchen bildend. J. ventricosa. Dicks.

— 5—10 mm lang, niedergestreckt mit aufsteigenden Spitzen, durchsichtig, am ganzen Rücken entlang Wurzeln treibend, häufig mit Ausläufern, abwärts entfernt- und fast wagerecht-, aufwärts dichter- und aufrechter-beblättert. Blätter rundlich-viereckig, etwas fleischig, groß, halbstengelumfassend, sanft gekielt und zusammengebogen mit offenen Spitzen, 1/2—1/3 ausgeschnitten (winklig-stumpf), mit geraden, spitzigen Lappen. Blüthendecken etwa 5 mm hoch, cylindrig, braunroth, mit weißlicher Mündung; sie sind meist so reichlich vorvorhanden, daß sie durch ihre Menge die Rasen fast verdrängen. — In Haiden, Wäldern, an Wegen, Abhängen, Gräben u. s. w. dichte grüne Häufchen bildend. J. excisa Dicks.

55. Stengel 5—15 cm lang, kriechend aufsteigend, verbogen, unter der Spitze durch Sprossung verzweigt. Blätter halbvertikal, sparrig-abstehend, rundlich-quadratisch, am Vorderrande ausgeschweift, tief gebuchtet, mit ovalen, spitzen Lappen. Blüthendecke etwa 2 mm hoch, meist cylindrig, mit gekerbter Mündung. — In Gebirgen, zwischen andern Jungermannien, selten. J. socia N. ab Es.

Blätter aufrecht-abstehend, nicht ausgeschweift. 56.

56. Stengel bis 1 cm lang, geschlängelt, braunroth, mit zahlreichen, steifen, aufsteigenden Aesten. Blätter gedrängt, fast aufrecht, oval-quadratisch, bauchig-hohl, die unteren mondförmig ausgerandet, die oberen stumpf-gebuchtet, mit spitzen Lappen; dick, blasig-punktirt, grün, die unteren roth und verbleichend. Hüllblätter zu 2, nicht verwachsen, das äußere 3-5-spaltig, mit ovalen, stumpfen Lappen, das innere stumpf gefaltet. Blüthendecke 4—5 cm hoch; fast cylindrig. — In Gebirgen, an faulen Baumstümpfen, selten. J. longiflora N. ab Es.

— 2—6 mm lang, geschlängelt, fast einfach, roth. Blätter rundlich quadratisch, bauchig-hohl, stumpf-gebuchtet, mit ziemlich spitzen Lappen; durchscheinend dünn, röthlich. Nur steril bekannt. — Nur im Fichtelgebirge auf Gneisfelsen. J. curvula N. ab Es.

57. Blätter bauchig gewölbt. 58.

Stengel 2—4 cm lang, aufsteigend, am Rücken Wurzeln treibend; mit reichlichen, schlaffen, wurzeltreibenden, entfernt-beblätterten, die Rasen verwebenden Ausläufern. Blätter rundlich-rautenförmig, wagerecht, schräg angefügt, am Stengel herablaufend, ziemlich dicht, völlig flach, ihr hinterer Rand bogig, der vordere gerade (wie abgeschnitten-schräg); Lappen ungleich, kurz, breit, stumpf mit aufgesetztem Spitzchen (selten 3-zähnig). Blüthendecke sehr lang, walzen- oder (anfangs) birnförmig, gedunsen. — An feuchten Felswänden; gelbliche oder grüne, große, lockere Rasen bildend. Sehr selten. J. Libertae Hübn.

58. Stengel 1—2 cm lang, verbogen, einfach. Blätter ziemlich groß (mindestens 1 mm breit), nicht gedrängt und deshalb nicht sich deckend, aber an den Gipfeln zu isolirten Köpfchen in einander geschlossen, halbstengelumfassend (aber weder schräg noch irgendwie herablaufend), wagerecht-abstehend, trocken ihre Richtung nicht ändernd (sich nicht aufrichtend), am Grunde gehöhlt und oben verflacht; rundlich oder eiförmig, an der Spitze $^1/_3$ mit stumpfer Bucht, stumpfen, ungleich großen Lappen. Blüthendecke glatt, gedunsen-birnförmig, mit anfangs zusammengezogener Mündung, weit vorragend. Olivengrüne bis braunrothe Polsterchen bildend. — In lehmsandigen Wäldern, an Hohlwegen u. s. w.; nicht häufig. J. inflata Huds.

Blätter sehr gedrängt und sich deckend; siehe J. intermedia.

---

59. Nebenblättchen vorhanden (oft freilich nur an den etwaigen Ausläufern oder jüngeren Trieben, deshalb recht achtsam zu suchen). 60.

— fehlen durchaus. 69.

60. Nur unter oder an fließenden Gewässern (in Gebirgsbächen an Steinen oder an Wasserfällen). Sehr selten. 61.

— An schattig-feuchten oder sumpfigen Orten. 63.

61. Stengel 2—8 cm lang, aufrecht. Blätter kreisrund. 62.

— kaum 1 cm lang, niederliegend-aufsteigend, robust, am Rücken Wurzeln treibend. Blätter ziemlich groß, elliptisch, dünnhäutig, schräg halbstengelumfassend. Nebenblättchen ansehnlich, länglich, bis zur Mitte zweispaltig. Blüthendecke schlank walzenförmig, glatt, mit spitzer Mündung. Unter Wasser auf andern Moosen in Bächen schmarotzende Trupps oder vereinzelte Pflänzchen. J. Zeiheri. Hübn.

62. Stengel 2—7 cm lang, halb eingesenkt, schlaff, nur am Grunde wurzelnd, durch die flach aufeinanderliegenden Blätter flach ge-

drückt. Blätter nierenförmig, breiter als lang, dünn, schräg, aufrecht-abstehend. An moosigen Bachrändern und Wasserfällen. — Siehe Alicularia compressa.

— einfach, schlaff, bis 1 cm lang; mit verdünnten (flagellenartigen) Enden, ganz untergetauchte, gleichhohe, gelbgrüne Räschen bildend. Blätter kreisrund, ziemlich zart, weitläufig, schräg halbstengelumfassend. Früchte unbekannt. An Gestein in raschen Bächen. J. flaccida Hübn.

63. Stengel 2—7 cm lang. Blätter alle (oder doch die untern) kreisrund, groß (über 1 mm). Zellnetz großmaschig. 64.

Blätter alle eiförmig oder elliptisch; oder kreisrundlich, dann aber klein (nicht über 1 mm) und der Stengel kaum über 1 cm lang. 65.

64. Stengel steif und robust, liegend-aufsteigend oder an besonderen Lokalitäten völlig aufrecht, 2—7 cm lang, einfach, nur an der Spitze gegabelt, am Rücken lange Wurzeln treibend, nur zuweilen mit aufsteigenden entfernt-beblätterten Ausläufern. Blätter sehr groß, (meist 2 mm lang und breit), alle fast kreisrund, fleischig-derb, undurchsichtig, schräg halbstengelumfassend und etwas herablaufend, dadurch abwärts gehöhlt, oben bauchig, gedrängt, zweireihig wagerecht-abstehend, sich mit den Rändern deckend, gegen den Gipfel fast aufrecht gegeneinander gelegt. Blüthendecke eiförmig mit gedunsenem Grunde und breitgedrückter, tief zweilippiger Mündung, purpurröthlich; die Haube kaum kleiner. Große, aufrechte, lockere, gelbgrüne oder bleichgrüne, meist purpurbräunlich angehauchte Polster bildend; die robusteste und ansehnlichste Art der ganzen Gattung. In allen Gebirgen, an feuchten Felsen, in Schluchten, selten auf Sumpf- und feuchtem Waldboden, hie und da häufig. (Fig. 23.) J. Taylori Hook.

— robust aber schlaff, niederliegend mit aufsteigenden Spitzen, 2—5 cm lang, meist völlig einfach, aber am Gipfel sich flagellenartig verlängernd, oder mit dicht beblättertem oder flachgedrücktem Gipfelkopf; am Rücken lange Wurzeln treibend. Blätter ansehnlich, schräg halbstengelumfassend, abwärts gehöhlt, oben flach, von zweifacher Form: nämlich abwärts am Stengel sind sie kreisrund, oberwärts eiförmig, fast zugespitzt und einseitig zusammengelegt; alle etwas dünnhäutig. Zellen groß und schlaff. Blüthendecke eiförmig, faltig, von der Farbe der Blätter. Flachniedrige, weit ausgebreitete Rasen bildend. In Gebirgen, nur auf torfhaltigem Boden (zum schon äußerlichen Unterschiede von J. Taylori), Sumpf- und Torfmooren. J. anomala Hook.

65. Nebenblättchen am Stengel oder den Aesten befindlich; Ausläufer fehlen. 68.

— nur an den meist reichlich vorhandenen aufsteigenden Ausläufern. 66.

66. Alle Flagellen aufsteigend oder umherschweifend und beblättert. 67.

Zwei Arten Flagellen, welche am Rücken der Stengel und Zweige entspringen, vorhanden: die einen aufsteigend, entfernt-beblättert, die anderen wurzelartig, blattlos, niedersteigend und sich in die Erde senkend. In Sümpfen zwischen Sphagneen. Stengel 4—6 cm lang. Nur die wurzelartigen Ausläufer mit Nebenblättchen. Siehe die Gattung Sphagnoecetis.

67. Stengel kaum 2 cm lang. Rasen grün. Siehe die Gattung Alicularia.

— niederliegend, schlaff, geschlängelt, 2—3 cm lang, einfach, am Gipfel mit flagellenartigen aufsteigenden Innovationen, außerdem besondere aufsteigende Ausläufer treibend. Blätter länglich-eiförmig (nur an den Fruchtstengeln kreisrundlich), flach, schräg ansitzend, wagerecht oder aufrecht, dicht gedrängt sich deckend, an den Gipfeln büschelig gehäuft; derbhäutig, aber durchsichtig, Zellen klein. Nebenblättchen nur an den Flagellen vorhanden. Hüllblätter herzförmig ausgerandet. In Gebirgen, an nassen Felsen, auf Moorboden (gern zwischen Sphagneen); bildet flache dichte braune oder olivenfarbige Rasen, oder zerstreut; nicht häufig. J. Schraderi Mart.

68. Stengel durch die flügelig und fast wagerecht-abstehenden (zuweilen seicht ausgeschweiften), flachen Blätter völlig gedrückt. Früchte aus überaus kurzen seitlichen Aestchen. Nebenblättchen winzig. 2-spaltig. Siehe die Gattung Chiloscyphus.

— kaum über 1 cm lang, einfach, niederliegend aufsteigend, schlaff, stets sehr dicht und gleichmäßig beblättert. Niemals eigentliche Ausläufer oder Flagellen bildend, aber häufig mit entfernt- und klein-beblätterten Gipfelverlängerungen, deren Spitze kopfig-blätterig verdickt ist. Blätter rundlich-eiförmig, fleischig-derb, bauchig gehöhlt, schräg halbstengelumfassend, aufrecht-abstehend, sich deckend; fleischig,-derb, aber durchsichtig, Blattzellen sehr klein. Nebenblättchen klein, aber am Stengel stets vorhanden und reichlich. Kelch eiförmig, gelbgrün, mit spitzer, gefalteter Mündung. Trübgrüne oder bräunliche, rasenbildende oder anderen Moosen eingemischte Trupps bildend. An schattig-feuchten oder nassen Felsen, Waldwegen u. s. w.; nicht selten. J. subapicalis N. ab Es.

---

69. Blätter so lang als breit (meist ausgezeichnet kreisrund) und zugleich fast oder völlig flach. 70.

— länger als breit (länglich rund); oder fast kreisrundlich, dann aber bauchig-hohl und nie mit purpurröthlicher Färbung. 72.

70. Rasen meist von blaurother oder purpurbrauner Färbung. Blätter etwa 0,7 mm breit und lang. Blattzellen gegen den Rand sich nicht verkleinernd. Stengel mehr oder minder ästig. 71.

— fast stets grün, nie röthlich, Stengel meist einfach. Blattzellen gleichgroß oder gegen den Rand hin sich allmählich sehr verkleinernd. 73.

71. Stengel 1—2 cm lang, meist einfach, niederliegend-kriechend, etwa 1 mm breit, mit umherschweifenden Innovationen, derb, am Rücken entlang reichlich Wurzeln treibend; besonders die Fruchtstengel mit ziemlich gedrängter Beblätterung. Blätter schräg angefügt, aufrecht abstehend, einseitig-aufgekehrt, anliegend, kreisförmig, fleischig, etwas bauchig, mit etwas zurückgebogenen, wasserhell gesäumten Rändern, deren Zellen 4-eckig, noch einmal so groß als die der Mitte sind. Blüthendecke purpurröthlich, länglich-eiförmig, 4-kantig, mit 4-zähniger Mündung. — Besonders in Gebirgen, an feuchten Hohl- und Waldwegen, Rändern ausgetrockneter Waldgraben u. s. w., bildet oft weithin verbreitete oder vereinzelte, dichte, grüne oder zumeist braunrothe oder purpurbraune Rasen. (Fig. 24.) J. crenulata Sm.

Randzellen des Blattnetzes den übrigen gleich, vor Allem durchaus nicht größer. 72.

72. Blätter fleischig, klein, meist etwas länger als breit. Stengel bleichgrün. Siehe J. Genthiana.

— 1—2 cm lang, liegend-aufsteigend, verzweigt und häufig durch kleinblätterige Innovationen verlängert, ziemlich dicht- und am Gipfel büschelig-beblättert, purpuroth; am Rücken entlang Wurzeln treibend. Blätter schräg halbstengelumfassend, rundlich viereckig, bauchig gehöhlt, mit wellig-verbogenen Rändern, sehr dünnhäutig und durchsichtig; alle Zellen gleich groß. Blüthendecke kurz eiförmig, purpurroth, mit 4-kantiger und sehr tief vierzähniger weißer Mündung. In Gebirgen, gern zwischen feuchtem Geröll, in ausgetrockneten sandigen Bächen; blaßgrünliche, aber stets purpur- oder blauröthlich überhauchte lockere Trupps bildend; ziemlich selten J. hyalina Lyell.

Blätter fleischig, ihre Zellen alle gleich groß. Siehe J. Genthiana.

73. Blattzellen alle gleich groß (die Randzellen denen der Mitte ziemlich gleich). 74.

— nach dem Rande hin ziemlich klein 81.

74. Blätter fleischig-dicklich, ziemlich klein, stengelumfassend. 75.
— dünnhäutig (durchsichtig und trocken einschrumpfend), meist ziemlich groß. 78.

75. Stengel 2—7 mm lang, Blätter ausgeschweift, ihre Zellmaschen durch große Inhaltskörper gleichsam punktirt. Sehr selten (bei Hamburg). J. **punctata** Gottisch.
Blätter gerundet, ganzrandig. 76.

76. Stengel nur etwa 1—2 mm lang, und auch kaum bemerkbar vor der dichten Beblätterung, nur ein knolliges hellgrünes Blattknöspchen darstellend, welches wiederum hinter die gleichlange Blüthendecke zurücktritt; durchweg Wurzeln treibend. Blätter schuppig übereinander, schräg halbstengelumfassend, aufrecht, kreisrund, etwas gehöhlt, fleischig. Blüthendecke kugelig-eiförmig, gedunsen, bleichgrün, mit 5-kantiger und kurz 4—5-zähniger Mündung. An überschwemmt gewesenen Waldorten, ausgetrockneten Gräben; bleichgrüne Häufchen oder vereinzelt. Sehr selten. J. **caespitia** Lindb.
Stengel 4—7 mm lang. 77.

77. Stengel in den Boden gesenkt, mit keulig verdickten Zweigen. Blätter rundlich, gewölbt, Randzellen ein wenig kleiner als die der Mitte. Blüthendecke kreiselförmig, nicht hervorragend, 5—7-faltig und ebenso viel zähnig. Auf thonigem Boden der Alpen, schwarzgrüne Flecke bildend. Juni, Juli. J. **tristis** N. ab Es.
— fadenförmig, aufrecht. Blüthendecke hervorragend. Rasen bleichgrün. Siehe J. Genthiana.

78. Stengel nur bis 5 mm lang, mit an der Spitze verdickten Zweigen; lichtgrüne Rasen bildend. Blätter fast vertikal, kreisrund, konvex. Blüthendecke wenig länger als die Perichätialblätter, oval, ganzrandig; Büchse kurzgestielt in der Blüthendecke versteckt bleibend. Auf Glimmerschiefer in den Salzburger Alpen. J. **scalariformis** N. ab Es.
— bis 14 mm und darüber l. 79.

79. Stengel bis über 2 cm lang, aufrecht, nach oben büschelig verzweigt. Blätter an Größe zunehmend, seitlich abstehend, zurückgekrümmt, rund. Perichätialblätter unter sich und mit der Blüthendecke verwachsen; Blüthendecke verkehrt eiförmig, an der Mündung 4-faltig und 4-zähnig. An feuchten Gebirgsorten. J. **obovata** N. ab. Es.
— nur bis 14 mm lang, Blätter nicht zurückgekrümmt. 80.

80. Rasen und Blüthendecke meist röthlich. Siehe J. hyalina.
Stengel wenige mm bis 1 cm lang (aber mit bis über 2 cm umherschweifenden Innovationen), schlaff, meist einfach, aufsteigend, verbogen, zart, entfernt-beblättert (abwärts allmälig kleiner werdende

Blätter); nur am Grunde wurzelnd. Blätter punktklein, entfernt gestellt, daher sich nicht berührend, schräg angefügt (nicht umfassend), mit der vorderen Basis etwas herablaufend; kreisrund, völlig flach, sehr zarthäutig und durchsichtig, daher trocken einschrumpfend. Blüthendecke walzen-keulenförmig, stets glatt, weißlich, zarthäutig, mit tief 4-zähniger Mündung. In Gebirgen, an humusbedeckten Felsen, in Felsritzen, zwischen Gebüsch: meist bleichgrüne, zuweilen hellbräunlich angehauchte, dichte, zarte Räschen bildend; selten. J. sphaerocarpa Hook.

81. Stengel 1—2 cm lang, einfach, aufsteigend, abwärts sehr bewurzelt. Blätter glänzend, abstehend, fast zurückgekrümmt; Zellen unansehnlich, ungleichmäßig, besonders gegen den Rand hin verkleinert. Blüthendecke länglich, aufwärts 4-kantig. In Gebirgen auf Torf- und Sumpfboden, an nassen Felsen; dunkelgrüne, später glänzend braune Häufchen bildend. Sehr selten. J. tersa N. ab Es.

— bis 1 cm lang, aufsteigend, mit aufrechten Aesten. Blätter locker anliegend, etwas bauchig, fast gerandet; Zellen in der Blattmitte groß, erst gegen den Rand hin kleiner werdend. — In Gebirgen an Hohlwegen und Waldplätzen; dunkelgrüne Räschen bildend. Sehr selten. J. nana Rabh.

82. Stengel aufrecht, 1—2 cm hoch, stets nur am Grunde bewurzelt. 83.

— niederliegend oder liegend-aufsteigend oder aufrecht, aber dann nur wenige mm hoch; häufig am Rücken reichlich wasserhelle Wurzeln treibend. 85.

83. Stengel kaum bis 1 cm lang, stets einfach, von breitgedrücktem Aussehen, zu dicht gedrängten Häufchen beisammen, von habitueller großer Aehnlichkeit mit J. hyalina und J. crenulata; aufwärts allmälig dichter- und größer-beblättert; mit entfernt- und klein-beblätterten Innovationen. Blätter eirundlich, völlig abgerundet, gehöhlt, fleischig, halbstengelumfassend; am Rande etwas größer werdende Zellen. Auf überschwemmt gewesenen lehmigen Orten, in Bergwäldern; bleichgrüne, meist röthlich angeflogene zarte Räschen, stets reichlichst fruchtend. Sehr selten. J. Genthiana Hübn.

— über 1 cm lang, meist verzweigt. Blätter stumpf gespitzt. 84.

84. Stengel 2—5 cm lang, aufrecht, gegen die Mitte gabelig getheilt, am Grunde fast blattlos, aufwärts ziemlich entfernt, aber am Gipfel meist dicht und sich schuppig deckend beblättert; meist Innovationen aus dem Grunde oder dem Gipfel. Blätter ziemlich ansehnlich, herz-eiförmig, mit aufgesetztem, kurzem, stumpfem Spitzchen (welches meist sanft abgebogen), dünnhäutig zart; aufrecht-abstehend, halbstengelumfassend und scheidig über

den Stengel hervortretend, indem sie etwas düten=förmig gehöhlt sind, am Stengelgipfel kätzchenförmig gedrängt. Blüthendecke dunkelgrün, birn=eiförmig, mit 4=kantiger Mündung. Auf Gebirgshöhen an und zwischen feuchten oder nassen Felsen. dunkelgrüne oder tiefgrüne, gleichhohe, lockere Polster bildend (gern mit Sarcoscyphus emarginatus zusammen). Ziemlich selten. J. cordifolia Hook.

— 1—2 cm lang, aufsteigend, einfach oder gabeltheilig, nur am Grunde wurzelnd; am ganzen Rücken entlang aus den Blattachseln winzig=beblätterte, umherschweifende Flagellen aussendend. Blätter weitläufig gestellt, eiförmig, flach, schräg=halbstengelumfassend, aufrecht=abstehend. Blüthendecke groß, gedunsen eiförmig, mit faltiger Mündung. Gelbgrüne dichte Räschen bildend, selten. J. denudata N. ab Es.

Blätter länglich=eiförmig, fast zungenförmig=lanzettlich, mit ausgeschweiften Rändern. Siehe die Gattung Haplomitrium.

85. Blätter eiförmig (wenig länger als breit), halbstengelumfassend, dünnhäutig=durchsichtig. Blüthendecke eiförmig. 86.

Blätter länglich=elliptisch oder lanzettlich (noch einmal so lang als breit). Blüthendecke lang, cylinderförmig. 87.

86. Stengel wenige mm lang, aber derb, aufsteigend, am ganzen Rücken lange Wurzeln treibend und dadurch verwoben zu dichten Räschen; entfernt beblättert. Blätter ansehnlich, besonders gegen den Gipfel hin auffällig groß und rosettig, alle oval, im Alter hohl=rinnig eingebogen, abstehend, halbstengelumfassend (aber nicht schräg), Blüthendecke groß, länglich=eiförmig, weißlich, glatt, mit 4=kantiger Mündung. An feuchten Felsen; lebhaft= oder trübgrüne Räschen bildend, selten. Fr. im April und Mai. J. pumila With.

Stengel 1—2 cm lang, niederliegend, einfach, am Rücken lange Wurzeln treibend, oft mit verdünnter Gipfelverlängerung, die Fruchtstengel oft mit Gipfelinnovationen. Blätter genähert, schuppig sich deckend, kurz=eiförmig bis kreisrund, flach, aber am Grunde gehöhlt, mit sanft verbogenen Rändern, schräg halb=stengelumfassend. Blüthendecke groß, gedunsen=eiförmig, mit faltiger Mündung und schnabeliger Spitze. — Nur auf bloßer Erde (schon dadurch von der ähnlichen J. pumila verschieden), an Hohlwegen u. s. w.; grüne oder gelbgrüne dichte Trupps bildend. Fr. vom Frühling bis Herbst. J. Schmideliana Hübn.

87. Blätter nur angeheftet, lang=elliptisch (über doppelt so lang als breit), mit zurückgebogener Spitze. Siehe die Gattung Liochlaena.

Stengel kaum bis 1 cm lang, liegend, mit kurzen, aufrechten Aestchen, am Rücken reichlich Wurzeln treibend; entfernt= aber am

Gipfel büschelig-beblättert. Blätter ansehnlich, aber dünnhäutig, fast wagerecht-abstehend (wenigstens abwärts am Stengel), länglich-lanzettlich mit abgestumpfter Spitze, doppelt so lang als breit, flach, nur die unteren etwas gehöhlt, halbstengelumfassend, dünn, sehr durchsichtig. Blüthendecke sehr lang, cylinderig, nach oben sich schnabelartig verdünnend, hellgrün, glatt, mit feinzähniger, zweilappig gespaltener weißlicher Mündung. — In Gebirgen an feuchten erdbedeckten Felsen und Getrümmer; blaßgrünliche kleine Häufchen bildend, sehr selten. J. rostellata Hübn.

8. Sphagnoecetis N. ab Es.

Stengel 4—6 cm lang, sehr schlaff, verbogen, einfach oder aus der Mitte verzweigt, niederliegend und umherkriechend oder vereinzelt zwischen andern Moosen (besonders Sphagneen) parasitisch aufsteigend und klimmend. Aus der Rückseite entspringen 1—2 cm lange grünliche Flagellen, dieselben sind von doppelter Form: die einen aufsteigend, entfernt beblättert, die andern blattlos, niedersteigend und sich in die Erde senkend (nur die ersteren haben Nebenblättchen). Blätter dicht, klein, schräg ansitzend, alle gleich, fast wagerecht, alle etwas einseitig gewendet, so daß sich beide Blattzeilen fast berühren; kreisrundlich, flach, aber mit eingebogenen Rändern. Die Frucht auf kurzen Seitenästchen. Blüthendecke walzenförmig, dünn, abwärts verengert, weißlich, glatt, mit häutig-gezähnter Mündung. In Sümpfen und Brüchen zwischen Sphagneen vereinzelt schmarotzend oder bleichgrüne, oft bräunlich überhauchte, etwas schimmernde lockere Rasen bildend; nicht zu häufig. Sph. communis N. ab Es.

Liochlaena N. ab Es., Glattkelch.

Stengel 1—3 cm lang, niederliegend, verbogen, einfach, höchstens gegen die Spitze hin mit kleinen Aestchen, am ganzen Rücken braune Wurzeln treibend; dicht beblättert. Blätter sehr ansehnlich, sich mit den Seitenrändern deckend, schräg nur angeheftet, länglich-elliptisch (doppelt so lang als breit), dünn und durchsichtig, dennoch derb, trocken rauschend-häutig, mit mehr oder minder zurückgebogener, fast zurückgekrümmter Spitze. Blüthendecke lang, gedunsen walzenförmig, etwas vorgebogen, oberhalb erweitert, von Farbe und Textur der Blätter, im noch geschlossenen Zustande mit flachem, etwas eingedrücktem und mit einem Wärzchen gekrönten Scheitel, später (nach Durchbohrung durch die Frucht) mit zerrissener und tief 2-lippig gespaltener Mündung. — In Gebirgen, an Hohlwegen, feuchten Felsen u. s. w., lebhaft grüne, oft braunlich überhauchte flache Rasen bildend; ziemlich selten. L. lanceolata N. ab Es.

10. Lophocolea N. ab Es., Kammkelch.

Stengel niederliegend-kriechend mit aufsteigenden Aestchen, zwischen andern Moosen eingemischt oder rasenbildend. Blätter schräg-angefügt, fast wagerecht ausgebreitet, ausgebuchtet, zweilappig. Nebenblättchen vorhanden. Blüthendecke frei hervorragend, röhrig, scharf-dreikantig (besonders abwärts), mit 3-lappiger und kammförmig gezähnter Mündung; Haube kurz, eingeschlossen.

1. Nebenblätter vielmal (mindestens 3 mal) kleiner als die Blätter. 2.
— fast so groß als die Blätter. 3.

2. Stengel 2—5 cm lang, niederliegend-aufstrebend, schlaff, lang verzweigt, meist rankenartige Ausläufer aussendend, am Rücken fast spärlich wurzelnd, durchweg gleich beblättert. Blätter flach, sehr dünnhäutig, blaßgrün (abwärts am Stengel weißlich abgestorben), schräg aufsitzend, mit etwas herablaufender vorderer Basis, wagerecht, sich mehr oder weniger deckend mit den Seitenrändern, im trocknen Zustande sich welk verbiegend, viereckig-eiförmig, etwa 2 mm lang, mit winkeliger oder meist bogiger offener Bucht ($^1/_2$ der Blattlänge) und hörnerförmigen pfriemlich zugespitzten Lappen (etwa 6 mal so lang als ihre Basis breit). Nebenblättchen weitläufig, abstehend, mehrfach geschlitzt mit pfriemlich-ungleichen Lappen. Die Früchte auf sehr kurzen, derben Seitenästchen; Hüllblätter groß, aufrecht, je drei die doppelt so lange dreikantige Blüthendecke umgebend, deren wimperige Mündung sich 2-lippig öffnet. — Im Gebirge wie im Flachlande aller Orten gemein, in Wäldern und Parkanlagen, meist zwischen Gras und andern Moosen eingestreut, an Wegen, auf Rasenplätzen, an Abhängen, Grabenrändern u. s. w. Früchte nicht häufig, meist nur an nassen Orten und bei rasenartiger Verbreitung der Pflänzchen, reifen Ende Frühling. (Fig. 26.) L. bidentata L.

— 1—2 cm lang, sehr straff und derb. Blätter robust, bogig ausgebuchtet, mit scharfen Lappen. Nebenblättchen 3 mal kleiner als die Blätter, in zwei lanzettliche Lappen stumpfbuchtig getheilt, straff vom Stengel abstehend. Blüthendecke mit stumpfer Spitze. — An schattig feuchten Orten; ziemlich selten. L. minor N. ab Es.

3. Stengel niedergestreckt, fast kriechend und nur mit den Spitzen kurz-aufgerichtet. Die Blätter haben eine doppelte Form des Ausschnittes: die abwärts am Stengel befindlichen haben einen kurzen scharf-winkeligen Ausschnitt und spitze Lappen, dagegen die oberwärts am Stengel haben eine kurze breitlappige Bucht und abgerundete oder scheinbar abgestutzte Lappen. Die Früchte meist gipfelständig; die knieförmig-aufgebogene dreikantige Blüthendecke von 4—6 Hüllblättern umgeben, welche von der Größe der

übrigen Blätter sind. — Ueberall an feuchten oder trocknen, besonders sandigen Waldstellen, gern in Nadelwäldern; blaßgrüne oder gelbgrüne, flache, lockere Rasen. (Fig. 27.) L. heterophylla Schrad.

— 1—2 cm lang, aufsteigend=aufrecht, ziemlich dicht beblättert. Blätter robust, bogig ausgebuchtet, mit spitzen Lappen. Nebenblättchen wenig kleiner, als die Blätter, genähert, bis zur Hälfte in zwei lanzettliche, gezähnelte Lappen gespalten. — An nassen Felsen oder in Gebirgsbächen an Steinen; grüne Rasen bildend oder zerstreut zwischen andern Moosen; sehr selten. L. Hookeriana N. ab Es.

11. Chiloscyphus Corda, Lippenbecher.

Stengel niederliegend=triechend, ästig, flach (=blätterig); Blätter sich deckend, oval=viereckig, mit abgerundeter, abgestutzter oder seicht ausgeschweifter Spitze. Auf sehr kurzen Aestchen, welche seitlich an den Stengeln oder Zweigen sprießen, entspringt die 2=lippige oder 3=spaltige Blüthendecke; kürzer oder länger als die birn= oder keulenförmige Haube; Hüllblätter kleiner und anders als die Stengelblätter (aber die männlichen Hüllblätter den Stengelblättern gleich). Früchte reifen im Frühjahr.

Stengel 1—5 cm lang, am Rücken Wurzeln treibend, schlaff, wirr gelagert. Blätter wagerecht abstehend, schräg angefügt, mit etwas herablaufendem Grunde, länglich 4-eckig, gegen das Ende der Triebe mit abgestutzter Spitze, flach, sehr dünn und durchsichtig, großzellig. Nebenblättchen lanzettlich, in zwei pfriemliche Lappen gespalten. Blüthendecke auf $^1/_3$ zweilippig; Haube doppelt so lang, walzenförmig, Fruchtstiel 1—2 cm lang. — In schattig feuchten Laubwäldern, gelbgrüne oder bleichgrüne bis gelbliche niedergedrückte Rasen bildend; ziemlich häufig. (Fig. 25.) Ch. polyanthus N. ab Es.

Abart: rivularis in Gebirgsbächen an Steinen festgewachsen fluthend (reichlicher verzweigt, dunkelgrün, fettig glänzend).

— 2—6 cm lang, meist nur am Grunde wurzelnd, schlaff, aufsteigend. Blätter fast wagerecht abstehend, schräg angefügt, flach, etwas gedrungener und mehr gerundet wie bei vorigem, rundlich oval, mit gerundeter Spitze, zart, durchsichtig, trocken mit eingerollten Rändern. Nebenblättchen eiförmig, stumpf (und schief) ausgebuchtet. Blüthendecke kreiselförmig, breit gedrückt, mit 4=lippiger Mündung, meist von der Haube nicht überragt; Fruchtstiel 2—4 cm lang. — An schattig feuchten Orten, auf Wiesen, moosigen Felsen, Waldgrund (auch in Nadelwäldern), Baumstümpfen, Bachufern, lockere gelbgrüne Polster bildend. Ch. pallescens N. ab Es.

— nur 1—2 cm lang. Nebenblättchen eiförmig, bis zur Mitte in zwei pfriemliche Lappen gespalten. Blüthendecke schmal-kreisel-förmig, mit 3-lappiger Mündung, die Haube überragend. — An Baumstümpfen u. s. w.; sehr selten. Ch. lophocoleoides N. ab Es.

12. Geocalyx N. ab Es., Erdkelch.

Stengel niederliegend-kriechend, verbogen, mit der Spitze aufgekrümmt, 1—2 cm lang, verzweigt, am Rücken entlang wurzelnd, trocken starr. Blätter dicht, schräg angefügt, wagerecht, zweireihig flach ausgebreitet, viereckig-eiförmig, mittelgroß, derbhäutig, $^1/_3$—$^1/_4$ scharf halbmondförmig ausgebuchtet, mit kurzen, spitzen oder stumpfen Lappen. Nebenblättchen klein, ei-lanzettlich, in zwei pfriemliche Hälften gespalten, dicht angedrückt, meist von den an ihrem Grunde entspringenden Wurzelbüschelchen verhüllt. Die Blüthendecke auf der Stengelunterseite befindlich, senfkorngroß, breitlich-sackförmig, glatt, dünn, gelbbräunlich, stets in die Erde eingesenkt, sich aufkrümmend; der sich aufbiegende Fruchtstiel bis 2 cm lang. Dichte wirre, niedergedrückte, lebhaft gelbgrüne, etwa handbreite Polster bildend; besonders an schattig feuchten Felsen. Von starkem Knoblauchgeruch. Selten und ohne Beachtung der Frucht und des Geruches leicht zu verkennen. G. graveolens. Schrad.

13. Calypogeia Raddi, Bartkelch.

Stengel 1—5 cm lang, 2—4 cm breit, meist einfach, blattflach (durch die fast vertikal angehefteten, sich schuppenartig deckenden Blätter), am Rücken entlang wurzelnd, niedergestreckt, kriechend, etwas verbogen, oft mit fleischigen, spärlich- und klein-beblätterten aufgerichteten Flagellen, an deren Enden gelbgrüne Keimkörnerköpfchen sitzen. Blätter dunkel- oder gelblich-grün, dünn, auffällig durchsichtig (mit einzelnen großen sechseckig-rundlichen Zellen, welche das bloße Auge als schimmernde Punkte wahrnimmt), ei-rundlich, auch trocken ihre volle Form behaltend, leicht gewölbt, ganz oder zweizähnig- (etwa $^1/_8$) gebuchtet, schräg angeheftet, wagerecht abstehend, mit den Rändern schuppenartig sich einander deckend. Nebenblättchen breiter als der Stengel, fast kreisrund, ausgebuchtet. Blüthendecke fehlt. Auf humusreichem Waldboden, auch an Gestein, am Grunde alter Bäume, an Hohlwegen, aufgeworfenen Gräben u. s. w. Lockere, niedergedrückte, dunkel- bis gelbgrüne schimmernde Rasen bildend, oder zwischen andern Moosen vereinzelt; häufig, hie und da gemein. Fruchtreife im Frühling. (Fig. 29). C. Trichomanis N. ab Es.

14. Lepidozia N. v. Es. Schuppenzweigmoos.

Stengel 1—4 cm lang, niederliegend, gewirrt, auffällig regelmäßig fiederästig, vielfach rankenartige Flagellen (mit spärlichen, verkümmerten Blättchen) aussendend. Blätter sehr klein, schräg angeheftet, wagerecht abstehend, bauchig gedunsen, 3—4=lanzettlappig ausgeschnitten; Nebenblätter ebenso gestaltet, nur kleiner. Blüthendecke lanzettlich, 3faltig, am Saume gezähnt. — Auf sandig=lehmigem oder humusreichem Boden, an Waldwegen und Waldsäumen, auch am Grunde alter Bäume (besonders der Buchenwälder), auf Gestein, zuweilen andern Moosrasen eingemischt, meist aber als selbständige, härtlich und rauh sich anfühlende, grüne niedergedrückte Rasen; oft weite Strecken an Wegrändern, Hohlwegen u. s. w. bekleidend; im Gebirge ziemlich gemein. Früchte im Frühling und Sommer, aber Blüthendecken fast stets zu finden. (Fig. 31). L. reptans N. ab Es.

15. Mastigobryum Nees v. Es., Peitschenmoos.

Ansehnliche Moose. Der Stengel (wie auch bei den drei vorhergehenden Gattungen) mehr oder minder aufsteigenden, peitschenförmigen, fast haardünnen, entfernt= und winzig=beblätterten Flagellen, welche an der Rückseite der Stengel aus den Achseln der Nebenblätter entspringen. Blätter mit 3=zähniger Spitze, dem Stengel schräg ansitzend, ziemlich gedrängt. Nebenblätter breit (breiter als lang), 4=zähnig oder gekerbt. Blüthendecke dreiseitig, am Saume stumpf 3=lappig. Hüllblätter klein, sparrig abstehend. Früchte im Sommer und Herbst.

Stengel niederliegend, 2—8 cm lang, meist gabelig verzweigt. Blätter länglich ei= oder herzförmig, meist sichelförmig zurückgekrümmt, höchstens mittelgroß, mit 3=zähnig ausgerandeter Spitze. Nebenblättchen gekerbt. — Nur in Gebirgen, an feuchten humusbedeckten Felsen und zwischen Geröll, dichte, ästig=verwobene, grüne, grünlich=gelbe oder gebräunte Polster bildend; nicht häufig. M. deflexum Mar.

Ein in mannigfachem Formwechsel auftretendes Moos:

a) tricrenatum N. ab Es. Stengel lagernd, mehrere cm bis über fingerlang, etwa 1 mm breit, gedrungen=ästig, die Aeste einen spitzen Winkel bildend. Dichte Polster an feuchten moosigen Felsen.

b) implexum N. ab Es Stengel 0,5—2 cm lang, mit rechtwinkelig abstehenden Gabelästen, abwärts kleiner und entfernter beblättert. Sehr wirre kleine Rasen an Felsen bildend.

c) flaccidum N. ab Es. Stengel 1—2 cm lang, fädig, verwickelt, klein- und entfernt-beblättert, Blätter auch auffällig schmal.

d) pygmaeum N. ab Es. Stengel wenige mm bis 1 cm lang, ohne Ausläufer, nur an der Spitze sprossend, winzige, breit-eiförmige, kaum gezähnte Blätter.

— aufrecht straff, derb, 3—12 cm hoch, meist aber fingerhoch, gabelzweigig, seltener einfach, zumeist freudig grün, dicht beblättert. Blätter schief-eiförmig, meist 2 mm lang, schräg angefügt, wagerecht, mehr oder minder abwärts gebogen, mit ihren Rändern sich deckend, an ihrem Grunde gedunsen-bauchig, mit breiter abgestutzter, kurz- aber scharf 3-zähniger Spitze, Nebenblätter klein, so lang als breit, 3—5-fach gezähnelt. Früchte überaus selten. In schattigen Buch- und Nadelwäldern auf lockerem Humusboden, hellgrüne bis gelbgrünliche, üppige, aufrechte, oft weitverbreitete Polster bildend. — In Gebirgen sehr häufig. Es ist neben Plag. asplenoides eine der ansehnlichsten Jungermanniaceen betreffs des bis fingerhohen robusten Stengels und der großen breiten Blätter. Charakteristisch von M. deflexum verschieden, dessen Stengel zarter, brüchiger, fädiger, kürzer, liegend und dessen Rasen meist durch reichlichere, schweifende (oft an ihren Enden normal wieder beblätterte) Flagellen eigenthümlich wirr verwoben und niedergedrückt sind. (Fig. 30.) M. trilobatum L.

16. Physiotium N. v. Es., Federling.

Stengel 3—6 mm lang, weich und schlapp aufsteigend, gekrümmt, meist unverzweigt; in Folge der löffelartig gedunsenen und zugleich sehr eingekrümmten, dicht gereiheten Blätter haben die Stengel ein stielrundliches Aussehen von etwa 3 mm Dicke. Der obere Blattlappen an der Spitze gezähnelt, der untere schmal, ganzrandig. Nebenblättchen fehlen ganz Blüthendecke lanzettlich, gefurcht, 4-spaltig, die Zähne noch wimperig besetzt. — Nur auf Gebirgshöhen, daselbst auf Torfmooren sowie an nassen Felsen als dichte Polster oder unter anderen Moosen; äußerst selten. Ph. cochleariforme N. ab Es.

17. Trichocolea Dumort, Haarkelch.

Stengel 0,8—1 dm lang, schlaff und weich, überaus anmuthig 1—3-fach gefiedert. Anstatt der fehlenden Blüthendecke und Haube eine verkehrt kegelförmige etwa 5 mm lange haarige Anschwellung am Grunde des 2—5 mm hohen robusten, weiß-gelblichen Blüthenstieles. Ansehnliche grüne (matt-gelbgrüne), meist bleichgrüne dickliche Rasen, besonders gern anderen Moospolstern eingemischt. An schattig-feuchten Orten: in Erlen und Buchenwäldern, quelligen Schluchten und an Hohlwegen, Grabenrändern. (Fig. 36.) Tr. Tomentella N. ab Es.

18. Ptilidium N. v. Es., Federmoos.

Stengel 1—4 cm lang, etwa 2 mm breit, weich, flaumig, fiederästig, die Blätter geöhrt, tief zertheilt; Nebenblätter vorhanden. Blüthendecke glatt; Haube vorhanden, frei. Lockere, weiche, grüne oder auch gelbe, gebräunte oder purpurbraune Rasen, häufig andern Moospolstern spärlich eingemischt, fast nur in Birken- und Nadelwäldern, auf Heideboden, an Baumwurzeln und alten Stämmen, auch an Geröll u. s. w.; schon dadurch, daß diese Art trockene Standorte liebt, von der habituell oft ähnlichen Trichocolea unterschieden, welche stets feuchten oder nassen Grund besonders der Buchenwälder aufsucht. In Gebirgen sowie in den Ebenen nicht selten. Früchte vom Herbst bis in den Frühling. (Fig. 32.) P. ciliare N. ab Es.

Abartend zuweilen von sehr abweichendem Habitus:

a) ericetorum N. ab Es. mit einfach und regelmäßig gefiederten Stengeln, etwas entfernter und abstehender Beblätterung. Rasen von lieblich röthlicher oder purpurrother Farbe. Auf sandigem Boden, auch an Sandsteinfelsen, seltener.

b) bradypus Hübn. (Wallrothianum N. ab Es.) mit sehr kurzen (etwa 1 cm), gedrungenen, angedrückt niederliegenden, gedunsen- und kurzgefiederten Stengeln. Dichte platte, rothbraune oder gelbbraune wollige Rasen oder Ueberzüge bildend; in Gebirgen, am Grunde alter Nadelbäume oder Birken, nicht selten.

c) pulchrum Corda mit zarten kurzen (1—2 cm), unregelmäßig verzweigten Stengeln, mit dicht anliegenden Blättern. Zartgrüne Rasen an schattig-feuchten Felsen.

19. Radula N. ab Es., Kratzmoos.

Stengel 2—4 cm lang, etwas verbogen, ganz platt gedrückt, die kurzen gabeligen oder fiederigen Verästelungen kommen (für diese Gattung sehr charakteristisch) nicht aus den Blattachseln, sondern unterhalb der Blätter hervor. Blätter dicht anliegend, kreisrundlich, ganzrandig, ansehnlich, etwa 1,3 mm Durchmesser, schräg angeheftet, gedrängt dachziegelförmig; Oehrchen 3—4 Mal kleiner, fast viereckig. Früchte winzig (mohnkorngroß), rostbraun, auf 1—4 mm hohem gelblichweißem Fruchtstiel. Blüthendecke zusammengedrückt, mit gestutzter Mündung. In

Wäldern und Parkanlagen an rissig-glattrandigen Stämmen, selten an Gestein; platt angedrückte, blaßgrüne oder gelbgrüne, meist kreisrunde thaler- bis handgroße Rosetten bildend und im Centrum durch weißliche Wurzelfasern angeheftet, so daß man die Exemplare mit der Rinde abschneiden muß. In Gebirgen sowie in den Ebenen aller Orten sehr häufig. — Früchte meist reichlich und das ganze Jahr vorhanden (Fig. 34.) R. complanata Dumort.

20. Madotheca Dumort, Kahlfrucht.

Stengel meist mehrere Zoll lang, dicht gelagert, ansehnlich, oft regelmäßig doppelt gefiedert, sowie die Aeste breitgedrückt 1—3 mm breit; die Blätter schräg angeheftet, bauchig, schuppenartig sich deckend und platt angedrückt. Blüthendecke breit gedrückt, aber gedunsen, 2-spaltig. — Fast nur in Gebirgen.

1. Stengel schlaff, über einander gelagert, 5—12 cm lang, einfach oder doppelt gefiedert, selten bloß unregelmäßig gabeläftig, die Aeste rechtwinkelig abstehend. Blätter eirund, im trockenen Zustande stark einwärts gebogen und die Ränder eingeschlagen (wodurch die Stengelunterseite charakteristisch rinnig vertieft ist), stumpf gerundet oder kurz zugespitzt, Rand unter scharfer Lupe stets mehr oder minder zähnig ausgeschweift, zuweilen gegen die Spitze hin sogar wimperzähnig; Oehrchen länglich-zungenförmig, mit schmaler Basis, so daß sie mit dem Blatte kaum verbunden zu sein scheinen, 1/4 so groß als das Blatt selbst, ausgereckt- oder gar dornig-gezähnt. Nebenblätter groß, eiförmig, dicht übereinander gestellt, gleichfalls gezähnt. Nur in Gebirgswäldern. An moosigem Grunde von Bäumen (besonders Buchen), an bemoosten Felsen; glatt-glänzende, fast metallisch-glänzende, stahlgrüne oder olivenbräunliche, ansehnliche weiche Polster bildend, welche sich auf den ersten Blick auch schon durch die (in Folge der dachziegeligen Lagerung der Blätter) schuppenbänderigen (schlangenhäutigen) platten Zweige auszeichnen; ziemlich häufig, aber Früchte überaus selten. (Fig. 36.) M. laevigata Ehrh.

   Blätter ganzrandig. 2.

2. Der untere Blattlappen (Oehrchen) schief herzförmig, durch seine zurückgeschlagenen Ränder kahnförmig. In Gebirgen, sehr selten. M. navicularis N. ab Es.

   — — — eiförmig oder rundlich. 3.

3. Stengel sehr regelmäßig 2—3-fach gefiedert. Aeste rechtwinkelig abstehend, an der Spitze verdickt und abgerundet. Blätter sehr dicht übereinander, sich zur Hälfte deckend, auch die Oehrchen sowie die Nebenblätter decken stets etwas einander (was die Art bedeutsam charakterisirt zum Unterschiede von der habituell ähn-

lichen M. platyphylla); der obere Blattlappen kreisförmig, mit bauchig-eingebogenen unterem Seitenrand und daselbst zurückgeschlagenen fortsatzartigen stumpfen Ecken. Nebenblättchen halbkreisförmig. Hüllblätter gewimpert. Gelbgrüne ansehnliche, glanzlose oder matt wachs-glänzende Poster bildend; an glatter Rinde besonders der Buchen sowie an Felsen, selten M. platyphylloidea N. ab Es.

— schlaff, 0,6—1 dm lang, glatt, mit etwas aufgekrümmter Spitze, mehr oder minder regelmäßig gefiedert, trocken steif-zerbrechlich, die Aeste spitzwinkelig im Winkel von 50° abstehend. Blätter kreis- oder eirundlich, sich deckend, flachrandig, nur trocken mit etwas eingebogenem oder eingerolltem Rande; Oehrchen fast zungenförmig, decken sich nicht (ebenso decken die Nebenblätter sich kaum oder gar nicht). Nebenblättchen aus etwas breiterem Grunde fast quadratisch. Nicht selten; auch in der Ebene vorhanden. An Gestein und Laubbäumen, besonders an Buchen, oft ansehnliche, lockere, grüne oder gelbbraune, stets glanzlose Ueberzüge bildend. Früchte ziemlich häufig, zuweilen massenhaft vorhanden, besonders an halberstorbenen Polstern, reifen Anfang Frühling; sie sind klein, rostgelb, auf kaum über die große aufgeblasene Blüthendecke hervorragendem Fruchtstiel. (Fig. 35.) M. platyphylla N. ab Es.

21. Frullania Raddi, Frullani's Moos.

Flach angedrückte dunkelgrüne oder rothbraune Rasen. Blätter meist kreisrund, mit sackartig-bauchigen Oehrchen. Kapsel winzig, blaß, auf sehr kurzem Fruchtstiel. Fruchtreife im Spätherbst, aber fast das ganze Jahr Früchte und besonders Blüthendecken vorhanden.

1. Nebenblättchen fast bis auf den Grund getheilt. Blätter länglich-rund, mit einer getropften Linie. Blüthendecke ganz glatt. Aeußerst selten; an Felsen (nur am Kynast in Schlesien gefunden). F. fragilifolia N. ab Es.

— ganz, oder nur an der Spitze gespalten. Blätter meist ohne solche Linie. Blüthendecke glatt oder körnig-rauh. Gemein 2.

2. Stengel regelmäßig doppelt gefiedert, 3—8 cm lang, 0,5—1 mm breit. Blätter meist glänzend, oft mit getropfter Mittellinie; Oehrchen länglich, bauchig-hohl, gestielt und dadurch etwas vom Stengel entfernt. Blüthendecke glatt, 3-kantig. Lockere, niederliegende, meist braunrothe Rasen oder Polster von oft ziemlichem Umfang, an Gestein, morschen Bäumen, meist aber auf bloßem Waldboden; besonders in Gebirgen sehr häufig.

Früchte im Herbst und Winter, nicht häufig. (Fig. 38.) F. Tamarisci N. ab Es.

Stengel mehr oder minder regelmäßig, meist einfach gefiedert, schlaff, 1—3 cm lang, 0,5 mm breit. Blätter glanzlos, alle ohne Mittellinie. Oehrchen halbkugelig-sackartig gewölbt; fast stiellos dicht am Stengel. Blüthendecke herzförmig oder verkehrt-eiförmig, 3-kantig, warzig-rauh; Fruchtstiel nur doppelt so lang als diese; Kapsel blaßgelb, winzig. Flach angedrückte, düstergrüne, kupferbraune, violettbraune oder schwarzbraune, anfangs kreisrundliche Rasen, an Baumstämmen, selten an Felsgestein; allerorten ganz gemein. Früchte fast das ganze Jahr. (Fig. 37.) F. dilatata N. ab Es.

22. Lejeunia Gottsche et Lindbg., Lejeune's Moos.

Zarte, wirre, niederliegende, hell gelbgrüne Rasen. Blätter klein. Nebenblättchen kreis- oder eirund, scharf zweizähnig mehr oder minder tief ausgeschnitten. Blüthendecke gedunsen ei- oder birnförmig, 5-kantig, (fast kantig geflügelt), am Saume 3—4-lappig. Kapsel durchsichtig, weißlich, sehr klein; auf sehr kurzem Fruchtstiel.

1. Stengel meist 4—8 cm lang, sehr geschlängelt. Blätter eiförmig, lang und scharf zugespitzt, am Grunde bauchig. Oehrchen 1/2 so groß und von gleicher Form als das Blatt, an ihrer Spitze durch einen scharfen Ausschnitt vom Blatte los, so daß dieses ungleich-zweilappig erscheint. Nebenblättchen sehr klein und außerdem nur an älteren Stengeln vorhanden, dagegen an den Verzweigungen fehlend oder kaum angedeutet. — An Baumrinden und auf feuchten nackten Kalkfelsen; sehr selten. L. (hamatifolia Hook) calcaea Libert.
   Blätter stumpf abgerundet. 2.
2. Stengel 1—3 cm lang, schlaff, niederliegend, schweifend, unregelmäßig gefiedert oder verästelt; weiche, freudig gelbgrüne (grasgrünliche) Polsterchen oder Ueberzüge bildend. Blätter rundlich bis eiförmig, stumpf; am Grunde mit nur 1/4 so großen, eingerollt-gehöhlten kappenförmigen, schiefen, vorn offenen Oehrchen. Nebenblättchen doppelt so groß als die Oehrchen, kreisrundlich, scharf zweizähnig ausgeschnitten. Blüthendecke kurz, birnförmig, gegen den Saum hin scharf 5-kantig, am Saume weichstachelig; Fruchtstiel kaum doppelt so lang — Fast nur in Gebirgen und da ziemlich häufig an allen bemoosten Bäumen, auch an feuchtem moosigen Geröll und Felsgestein, gern in der Nähe von Bächen. (Fig. 39.) L. serpyllifolia Libert.

— nur 1—4 mm lang. Blätter eiförmig, sehr klein, entfernt gestellt Oehrchen winzig und undeutlich, eingerollt. Nebenblättchen verhältnißmäßig groß, entfernt gestellt. Fruchtstiel kaum die Blüthendecke überragend. In Ritzen alter Baumrinden (besonders an Nadelhölzern); sehr selten. L. minutissima Smith.

23. Blyttia Endl., Blytt's Moos.

Laub derb, ansehnlich, bis 1 cm breit und 1—6 cm lang, am Grunde wenig verschmälert, meist gabelig getheilt; freudig grün, unterseits braunfaserig. Blüthendecke vorhanden, walzenförmig, 5—10 mm lang, noch von kurzer einblättriger Hülle umgeben, welche aus Laubsubstanz gebildet ist. Fruchtstiel einige cm hoch.

Laub fast so breit als lang (etwa 1 cm), eiförmig, seicht- oder tiefbuchtig ausgerandet. Hülle gelappt. Nur in Gebirgen auf ansehnlichen Höhen an feuchten Wegrändern, überschwemmt gewesenen Orten; sehr selten. B. Moerkii.N. ab Es.

— weit länger als breit, bandförmig, meist gabelig eingeschnitten, ausgeschweift oder gekerbt, grasgrün. Hülle wimperig zerschlitzt. Nur in Gebirgen, auf Sumpf- und Torfmooren, auch in Bächen auf Gestein; selten. B. Lyellii Endl.

24. Pellia Raddi, Bechermoos.

Laub ziemlich derb, steif, einfach oder lappig zertheilt, meist ausgeschweift und wellig verbogen, freudig grün, zuweilen röthlich angeflogen (trocken meist moderfarbig), 1—5 cm lang, meist 1 cm breit, am Grunde etwas verschmälert, meist rosettenförmig gruppirt. Blüthendecke länglich, hervorragend, von einer becherförmigen, über die Lauboberfläche sichtlich sich erhebenden Hülle umgeben, deren Saum zerrissengezähnt ist; Fruchtstiel 1—10 cm hoch, zart, weiß. An feuchten oder nassen Stellen, Waldbachrändern, quelligen Wald- und Wiesenplätzen, oft weite Strecken überkleidend; ebenso an triefenden Felsen, feuchten Hohlwegen. Ziemlich häufig und meist massenhaft. Fruchtreife im ersten Frühling. (Fig 40.) P. epiphylla L.

Varietäten: P. crispa mit kurzem, breit keilförmigem, etwas gespaltenem, rothbraunem Laube; P. undulata mit langem, ausgeschweift gelapptem, frisch grünem, und P. longifolia mit langem, eingeschnittenem Laube.

25. Blasia Michel, Blasius' Moos.

Laub besteht aus rosettenförmig gelagerten, 1—2 cm langen, 2—10 mm breiten, zarthäutigen, lichtgrünen, trocken dunkelgrauen

Lappen. Diese sind meist gabelig gespalten oder fast gefiedert, geschweift, mit gekerbtem, wellig-krausem Rande; auf der Ober- und mehr noch auf der Unterseite mit dunklern, warzenförmig oder oval hervortretenden Brutkörnerbehälterchen. Der birnförmig-gedunsenen Spitze einer die Mittelrippe vertretenden Anschwellung des Laubes liegt die wasserhelle, zarte Haube eingesenkt; daraus hervor sprießen die 2—4 mm lang gestielten Früchte, doch sind diese sehr selten vorhanden. Weit häufiger die männlichen, stets üppigeren und größeren Pflänzchen, bei denen die Spitze der aufgeblasenen Mittelrippe einen birnförmigen Kelch umschließt, der in einen röhrigen Hals lang ausgezogen ist; die darin verborgenen, bald aber hervorbrechenden kugeligen, kurz gestielten Antheridien sind von hellerer gelbgrünlicher Färbung. Auf lehmigem Boden, an Ackerrändern, auf feuchten Triften, an Grabenrändern, Hohlwegen, vorzüglich in Gebirgen häufig. Im Herbst am üppigsten vegetirend, Fruchtreife zum Frühjahr. (Fig. 41.) Bl. pusilla Mich.

26. Aneura Dumort, Ohnnervmoos.

Laub mehr oder minder regelmäßig fiedertheilig, 1—4 cm lang, etwas fleischig, lebhaft grün, spröde. Haube sichtlich hervorragend, 1—2 cm lang, (andere Hüllen fehlen meist ganz), walzenförmig, nackt oder bekleidet. Früchte durchweg sehr selten, reifen zum ersten Frühling.

1. Haube sehr lang (bis 2 cm) und schmal, behaart. Laub 2—4 cm lang, 4—8 mm breit, einfach, oder spärlich-gegabelt oder nur ausgeschweift, intensiv grün, mit fettigem Glanze. Auf feuchtem, lehmigem (kurzgrasigem) Boden, auf Sümpfen, an Grabenrändern, überschwemmt gewesenen Orten. (Fig. 45.) A. pinguis Hübn.
— glatt oder warzig. Laub 1—4 cm lang, 1—3 mm breit, vieltheilig 1—3-fach gefiedert. 2.
2. Haube glatt oder mit verstreuten Fäserchen. Laub über 1—5 cm l., aber kaum 0,5 mm br., lineal, einfach- oder doppelt-, meist aber dreifach- (mehr oder minder regelmäßig) gefiedert, oft noch mit Fiederzähnchen oder fädig-linienförmigen Verlängerungen. Nur an Sumpforten (schmarotzend zwischen Sumpf- und Torfmoosen) und an Wiesenbächen. (Fig. 44). A. pinnatifida Hübn.
— warzig-höckerig. Laub mehr oder minder fiederig (selten doppelt), oft nur handförmig getheilt. An schattig-feuchten Orten. 3.
3. Laub fast bis auf den Grund fiedertheilig, 1—2 cm l., 1—3 mm br., niederliegend, mit kammartigen, an den Enden verbreiterten, oft zahnästigen Fiedern; Fieder wagerecht abstehend. Unter Gebüsch, an schattigen Hohlwegen, lehmigen Grabenrändern (Varietät A. rivularis in Bächen an Gestein). (Fig. 43.) A. multifida Hübn.

— oft kaum fiederspaltig, meist nur gabelig-handförmig gespalten, nur 0,5—2 cm lang, aufrecht. Besonders am Grunde morscher Baumstämme in Wäldern, auch auf Torfboden. (Fig. 46.) A. palmata Hübn.

27. Echinomitrium Hübener, Igelhaube.

Laub lineal, gabelig vielverzweigt, 1—3 mm breit, mehrere cm lang, grünlich oder trübgrün, kahl, selten am Rande etwas wimperig; durch die bis in die Spitze der Lappen laufende Mittelrippe von der habituell sehr ähnlichen Ricciella fluitans charakteristisch unterschieden. Blüthendecke fehlt; Haube igelig behaart (fast das ganze Jahr reichlich vorhanden). Besonders in Schluchten und Thälern, am Grunde alter Baumstämme, auf feuchtem Gestein und Waldboden, zumal gern an feuchten moosbewachsenen Felswänden andern Moosen eingemischt oder in selbständigen bis über handgroßen Rasen; sehr häufig. Früchte im Spätsommer, selten vorhanden. (Fig. 42.) (Metzgeria furcata L.) Ech. furcatum Hübn.

Laub kaum über 2 cm lang, gelbgrünlich, dicklich, Ober- und Unterseite dicht-weichhaarig. Meist an schattig-feuchten Kalkfelsen; selten. (Metzgeria pubescens Raddi.) Ech. pubescens Hüben.

28. Lunularia Michel, Mondbecher.

Laub dem von Marchantia ähnlich an Größe und Gestalt. Frucht nur in Italien u. s. w gefunden; aber fast nie fehlen bei uns die charakteristischen halbmondförmigen Brutkörnerbecher — In botanischen Gärten, auf Blumentopfen in Gewächshäusern hie und da gefunden, aber wohl noch häufiger für Marchantia gehalten. (Fig. 50.) L. vulgaris Michel.

29. Marchantia Raddi, Marchantie.

Laub grün, oft röthlich angeflogen, mit dunkelgrüner oder rothbrauner Mittelrippe (in die Laublappen dunkeladerig verlaufend), 2 cm bis über fingerlang und -breit, unregelmäßig gelappt; unterseits mit dichten Wurzelfasern haftend. Blüthenboden 2 8 cm hoch gestielt, den Laubeinschnitten entspringend Männlicher Blüthenboden flach-scheibig, mit seicht gekerbtem Rande, etwa 7 mm breit. Weiblicher Blüthenboden besteht aus 7—10 grünen, strahlig bis auf den Grund gespaltenen, 4 mm bis 1 cm langen linearen Lappen, welche röhrig-eingerollt, unterseits nur mit einer feinen Längsspalte offen sind; anfangs abwärts gekrümmt, strecken diese Strahlen sich bald wagerecht und stehen endlich fast senkrecht empor. Unterseits dieser Strahlen (Lappen) des Blüthenbodens, und zwar alternirend mit denselben, sprießen an deren Basis schmutzig-blasse und bräunliche, anfangs weißliche, breitliche, trockenhäutige Hüllen, welche nun die eigentlichen Früchte tragen. Diese Früchte selbst bestehen aus bräunlich-gelben eiförmigen, gestielten winzigen Kapseln; selbige sind anfangs ringartig, von zarter weißhäutiger, 4—6-spaltiger Blüthendecke und der Haube umschlossen, welche letztere später sich röhrig erweitert und an ihren Säumen 2-lanzettblättrig spaltet. Bei der Reife springen die Kapseln 4—8-zähnig auf und schütten kugelige mit Schleuderfasern reichlich untermischte Sporen aus. An feuchten Mauern, Felsen, am Rande von Waldbächen, Hohlwegen, auch in Gewächshäusern, auf Blumentöpfen; in besonders prächtiger Entwickelung auf Sümpfen. Aller Orten gemein. Früchte vom Sommer bis in den Herbst; Brutbecher fast stets reichlich vorhanden. (Fig. 47.) M. polymorpha L.

a) domestica, Laub klein, fast nie mit weiblichen Blüthen. Auf Blumentöpfen, an feuchten Mauern, auf Höfen.

b) fontana, Laub groß, gegabelt, reichlich und üppig fruchtend. Besonders auf Sümpfen.

30. Preissia N. v. Es. Preiß's Moos.

Laub 1—2 cm lang, 4—8 mm breit, derb-, keil- oder herzförmig, am Ende seicht gespalten. Oberseits von feinen, fast durchsichtigen Wärzchen schärflich rauh; Unterseite glatt, röthlich angeflogen. Fruchtstiel 1—2 cm hoch. An feuchten Felsen, Gemäuer, Abhängen, auch auf Sumpfboden, handgroße Polster bildend; im Gebirge ziemlich selten, in der Ebene sehr selten. Fruchtreife im Mai, Juni. (Fig. 48.) Pr. commutata N. ab Es.

31. Fegatella. Raddi, Kegelhütchen.

Laub groß und ansehnlich, bis über fingerlang und -breit, mit starkem Mittelnerv bis zur Spitze der Lappen, gabelig oder fiederig verzweigt, grün, Oberseite rauh von blaßgelben, fast mohnkorngroßen Warzen, welche in ihrer Mitte grubig-eingedrückt sind. Die Unterseite sehr wurzelfilzig, blaßfarbig. Fruchtstiel mehrere cm bis 1 dm hoch, gelbweiß, durchsichtig aber fleischig. Blüthenboden konisch, abwärts fast vierfaltig, mit 6-fach gekerbtem Saum; meist mit 4 länglich-eiförmigen, bräunlichen, gestielten Kapseln, ohne Blüthendecke. Haube glockenförmig, 2—4-lappig. Männlicher Blüthenboden stiellos-sitzend, braunroth. Ein durch die Warzen, die Früchte und das Fehlen von Brutknospenbecherchen von Marchantia zu unterscheidendes Lebermoos. Im frischen Zustande zuweilen von angenehmem Geruche. — An schattig feuchten oder quelligen Orten, unter Gebüsch, an Waldbächen, auf bespültem Gestein, oft an Mühlen, in Schluchten an nassen Felsen oft große Strecken überkleidende Polster bildend; in Gebirgen häufig, in der Ebene ziemlich selten. Fruchtreife im ersten Frühling. (Fig. 49.) F. conica L.

32. Reboulia Raddi, Reboul's Moos.

Handgroße Rasen. Laub oft kürzer (1—2 cm lang) als breit (etwa 1 cm), meist tief gespalten, hellgrün, die Ränder sehr aufgebogen, röthlich angeflogen; Unterseite lamellig-querrunzelig, schwarz-purpurn, wurzelfilzig. Fruchtstiel 0,6—2 cm hoch, aus den Lappenenden sprießend, am Grunde mit einem Büschelchen haarförmiger Spreublättchen umgeben. Blüthenboden gelbgrün, gewölbt-halbkugelig, unterseits mit wasserhellen Wimperbüschcheln, später in 4 oder 6 bei der Reife abstehende Lappen bis zur Mitte gespalten. Männlicher Blüthenboden schildförmig, purpurn, gleichfalls gestielt. In der Ebene und besonders in Gebirgen; auf feuchtem, sandigem Boden an Hohlwegen, Grabenrändern, auch an Felsen und Gemäuer. Ziemlich selten. Fruchtreife im Mai, Juni. R. hemisphaerica Raddi.

33. Grimaldia Radei. Grimaldi's Moos.

Laub etwa 2 cm lang und 4 mm breit, wirr, trübgrün, lineal zum Grunde verschmälert, gabelig getheilt, die Lappen lineal und herzförmig, rinnig vertieft, die Ränder sehr aufgebogen, dünn, kirschrothbraun, auf der purpurnen längslamellig-runzeligen Unterseite eine Längsreihe röthlich grauer Wurzelfilzfasern; die Enden der Lappen mit vorstehendem, weißlichem, rauschendem Barte linear-pfriemlicher Spreublättchen, welcher besonders am Grunde der Fruchtstiele als deren büschelige Hülle hervortritt. Fruchtstiel 1—2 cm hoch, gelbgrün, sehr zart. Blüthenboden halbkugelig-gewölbt, 2—4 mm breit, gelbgrün, von weißlichen Wärzchen rauh, unterseits von farblosen Wimpern gebärtet; in 3—4 abstehende, gewölbte Lappen aufreißend. Hülle wimperig, rauschend, so lang als die Lappen, farblos, einfrüchtig. Blüthendecken farblos, schief abgestutzt, etwas länger als die Kapseln. — Im frischen Zustande besitzt das ganze Pflänzchen einen eigenthümlichen starken Geruch. Mehrere Zoll breite Rasen an feuchten Felsen; in fast allen Gebirgen nicht selten. (G. dichotoma Lindb. March. fragrans Corda.) Gr. barbifrons. Bisch.

34. Fimbriaria N. ab Es. Schlitzkelchmoos.

Kleine, meist flache Rosetten bildende, lineal-lappige Pflänzchen mit warzig-rauher Oberfläche. Die Fruchtkelche, welche die kugeligen

Kapseln völlig umschließen, sind länglich-eiförmig, wimperzähnig aufplatzend und ragen über Blüthenhülle und Blüthenboden lang-wimperig hervor. — Durchweg sehr seltene, vorzüglich den Alpen angehörige, äußerst zierliche Pflänzchen. Fruchtreife im Sommer.

1. Pflänzchen wohlriechend (jedoch Gyps- und Kalkboden zerstört den Geruch), unterseits purpurröthlich und mit langen weißen Schuppen oder Fasern besetzt, welche am Ende der Laublappen einen ansehnlichen, aufstehenden, rauschenden Bart bilden; Laub lineal, gabeltheilig, etwa 3 mm breit und 1 cm lang, am Grunde verschmälert, mit gekerbtem, etwas aufgebogenem Rande. Fruchtstiel 1—2 cm hoch. Blüthenboden kegelförmig mit abgerundeter Spitze, olivengrün, mit undeutlich 4-lappigem Saume. Blüthendecken weißlich, eiförmig, unter den Blüthenboden lang hervorragend; mit einsitzenden, kugeligen Fruchtkapseln. — Sehr selten, fast nur auf den Alpen (auch im Harz bei Rübeland neben Grimaldia fragrans gefunden). (Fig. 51.) F. fragans N. ab Es.

   — nicht wohlriechend; am Ende der Lappen ohne solchen auffälligen Bart. Sehr selten. 2.

2. Laub lineal, meist gabeltheilig, etwa 1—2 cm lang, wenige mm breit, unterhalb mit weißlichen Wurzelfilzfasern dicht bekleidet und mit rothen Schüppchen, die sich aber nicht bis zu dem trockenhäutigen Laubrand erstrecken. — Meist auf der Erde unter andern Moosen, nur in den Alpen z. B. auf dem Faulhorn, der Gemmi. F. Lindenbergiana Corda.

   — lineal, 1—2 mm breit, wenig über 1 cm lang, mit sanft erweiterten, oft herzförmigen Enden, dicklich, grün, warzig-rauh. Die rothen Schüppchen unterhalb des Laubes reichen noch über den Laubrand hinaus. Fruchtstiele fast stets und reichlich vorhanden, aufrecht, 1—2 cm hoch, am Grunde mit einem Büschel farbloser Spreublättchen umgeben. Blüthenboden sehr klein (etwa 2—4 mm breit), halbkugelig, gelbgrün, warzig-rauh. — Aeußerst selten in Deutschland, häufiger in den Alpen, in humuserfüllten Felsritzen. (F. pilosa Wahlenb.) F. tenella N. ab. Es

35. Duvalia N. ab Es., Duval's Moos.

Laub mehrere mm bis 1 cm lang, ebenso breit, kreis- oder eirund, lappig-gekerbt, oft fast fiedrig gelappt, dünn, etwas gerunzelt; Oberseite grünlich oder gelbgrün, glatt, am Rande und unterhalb gelbweißlich oder gelbgrau und schuppig, eine Mittelrippe nicht einmal angedeutet. Unterseite mit Wurzelfasern dem Substrat fest angewachsen. Fruchtstiel 2—4 cm hoch, gelbbraun. Blüthenboden nur 2—5 mm breit, fast kugelig, etwas warzig-rauh, olivengrün, in Folge des meist bogig gekrümmten Fruchtstieles etwas nickend; auch bei der Reife völlig ungespalten, 4 verbogene kugelige, gelbbraune Kapseln enthaltend, deren jede von sehr zarter, anliegender, zähnig-gekerbter Blüthendecke umschlossen ist. In Süddeutschland und in den Alpen an feuchten Felsen, Gestein und Gemäuer, aber sehr selten. Fruchtreife Ende Frühling. (Fig. 52.) D. rupestris N. ab Es.

36. Sauteria N. ab Es., Sauter's Moos.

Laub etwa 1 cm lang, wenige mm breit, kaum getheilt, meist ganz einfach, dunkelgrün, warzig, im Alter grubig; Unterseite mit weißlichen Schüppchen, welche über den (rinnig eingebogenem) Laubrand hervorsehen und denselben fransig säumen. Fruchtstiel 1—2 cm hoch, am Grunde nackt (ohne Spreublättchen). An Felsen und in Felsspalten der Alpen; daselbst nicht allzu selten. Fruchtreife im Sommer. S. alpina Bisch.

37. Targionia Michel, Targioni's Moos.

Die Frucht sitzt mit ihrer Rückennaht stiellos unter der Spitze des Laubes. Ihr lederartiger purpurner Blüthenboden öffnet sich bei der Reife an ihrer obern lichten Mittelnaht, klappt dabei wie eine geöffnete Muschel zweischalig auf und entblößt so die eingeschlossene, kurzgestielte, gelbliche, hornartige Kapsel, welche nun bald unregelmäßig aufspringt. Die Blüthendecke verschwindet sehr rasch, während die zarte wasserhelle Haube (in den muscheligen Schalen des Fruchtträgers) unscheinbar sitzen bleibt. Aber auch das Laub dieses merkwürdigen Pflänzchens ist sehr charakteristisch. Es besteht aus einem 0,1—2 cm langen, keil-eiförmigen oder gestreckt elliptischen, an den Enden etwas verbreiterten einfachen Lappen, dessen grüne oder gelbgrüne Oberfläche mit weißlichen, etwas vertieften Wärzchen rauh besetzt ist; die Unterseite dagegen ist leistenartig-geschuppt, von einer Mittelrippe durchzogen und durchweg purpurroth oder (im Alter) schwarzbraun. Indem nun im Alter die Ränder eintrocknen, dadurch sich aufbiegen und fast aneinander rollen, macht vornehmlich die dunkelbraune, schuppige Unterseite sich malerisch bemerklich. — Die einzelnen Pflänzchen wachsen zu handgroßen Polstern meist dicht beisammen, an feuchten sonnigen Felsen, gern in deren erdigen Spalten und Ritzen oder zwischen Geröll; durchweg selten. — Fruchtreife im ersten Frühling.

Laub sehr derb, meist herz-keilförmig, abgerundet. Nur in den südlichen Gebirgen an feuchten Orten. (Fig. 53.) (T. hypophylla L.) T. Micheli Corda.

Laub zarter, oval. Nur eine Abart des vorigen. Auch in norddeutschen und mitteldeutschen Gebirgen Selten. T. obovata (germanica). N. ab es.

38. Anthoceros Michel, Fruchthorn.

Laub einfach, kreisrundliche, dem Boden flach aufliegende Lager, bis 8 mm Durchmesser, gewölbt, mit Lufthöhlen durchsetzt, etwas warzig-punktirt, grünlich, trocken schmutzig-schwarz. Sporen schwärzlich oder schwarz, stachelig bekleidet. Sehr selten. Auf schlammigen oder feuchten Plätzen, Aeckern, Teichufern u. s. w. Fruchtreife im Spätsommer. A. punctatus L.

Laub 1,5 cm Durchmesser, flach und glatt, auch im trocknen Zustande sattgrün. Sporen ockergelb, körnig bekleidet. Standort und Fruchtreife wie bei vorigem; ziemlich häufig. (Fig. 54.) A. laevis L.

39. Sphaerocarpus Mich., Kugelfrucht.

Laub besteht aus kreisrundlichen, dünnhäutigen, gelbgrünen Rosettchen von 0,5—1 cm Durchmesser, mit etwas gelapptem Rande. Früchte meist zahlreich auf der Mitte des Lagers, birnförmig, 1—2 mm hoch, zartgrün, fast durchsichtig, netzmaschig geadert, an ihrem Scheitel mit zur Zeit der Reife sich erweiternder Oeffnung; sie umschließen je eine kugelrunde, kurzgestielte, gleichfalls netzig geaderte, mohnkerngroße Sporenkapsel, welche sich unregelmäßig öffnet. Sporen grau bis schwarz, dreiknöpfig, gerunzelt. — Bisher in Deutschland nur an schlüpfrigen Plätzen, auf sandhaltigem Lehmboden und Weinbergen, um Durlach in Baden gefunden; häufiger im südlichen Europa und auch in England. Fruchtreife im Frühjahr. Sph. terrestris Mich.

40. Oxymitra Hübener, Spitzhaube.

Laub länglich oval, meist etwas verwachsen, fleischig, sattgrün; Lappen von 0,5—1 cm Durchmesser, rinnig-vertieft, netzrunzelig, Rand oft auffällig besetzt mit Spreublättchen (besonders reichlich bei var. paleacea). Früchte meist zu beiden Seiten der rinnigen Laubfurche, kugelrundlich, mit dreiseitig-pyramidaler Spitze, schwärzlich, geschlossen bleibend. Sporen dreieckig. — Dem südlichen Europa angehörig, vereinzelt aber auch in Deutschland aufgefunden. Fruchtreife im Herbste. Ox. pyramidata Hübener.

41. Ricciella A. Br., Riccille.

Laub einige cm lang, 1—2 mm breit, durchweg lineal, gabelig vielverzweigt, ober- und unterseits sattgrün. Die Früchte treten auf der Unterseite und zwar gern an den Enden des Laubes als ungestielte gelbgrüne Kügelchen hervor. In seichten Gewässern oft massenhaft, wurzellos schwimmend, aber ohne Früchte; auf Schlamm oder an nassen Ufern festwurzelnd und nur in diesem Falle zum Herbst hin mit Früchten; nicht allzu häufig. (Fig 55.) R. fluitans A. Braun. ✓

Als nur durch Austrocknung des Standortes bedingte Varietät: R. canaliculata Lindbg. mit einer Mittelfurche, aufsteigenden Rändern und mit Luftbläschen durchsetzt; Wurzeln treibend und mit diesen dem Erdboden angewachsen.

42. Riccia Michel, Riccie.

Auf feuchtem, besonders lehmigem Erdboden oder Schlamm wachsende, keil- oder herzförmige, einfach- oder doppelt-gabelspaltige, meist derbhäutige, etwa 1 cm große Lappen, zerstreut-vereinzelt, noch häufiger sternig oder rosettig gruppirt. Die punktkleinen Früchte sind der Oberfläche des Laubes eingesenkt und meist längsreihig gruppirt; sie stellen winzige rundlich-sackförmige braune Sporenbehälter vor, bleiben entweder dem Laube eingesenkt oder durchbrechen die Oberhaut. Fruchtreife vom Herbst bis zum Frühling.

1. Früchte einer schwachen Mittelfurche reihig eingesenkt, auch später nicht hervortretend. Laub sattgrün und glatt, schwammig-dicklich, herzförmig, mehr oder minder gespalten, bis 1 cm lang, am Rande gewimpert. Unterseite anfangs violett, dann braun oder rothbraun. — Standort und Fruchtzeit ganz wie bei Ricciella fluitans. Anfangs hängen die einzelnen Pflänzchen zu 4—5-lappigen Rosetten zusammen, später lösen sie sich von einander und schwimmen einzeln auf der Wasserfläche, gern zwischen Wasserlinsen, häufig habe ich sie in Gesellschaft von Salvinia natans gefunden. (Fig. 56.) R. natans L.
— längsreihig oder zerstreut eingesenkt, später die Oberfläche des Laubes blasig auftreibend und hervorbrechend. Laub meist bläulich-grün, gerundet-keilförmig, gespalten, stern- oder rosettenförmig geordnet. Auf feuchtem Boden, Aeckern, Wiesen in ausgetrockneten Gräben, an Hohlwegen, verwittertem Gestein u. s. w. 2.
2. Laub bleichgrün oder gelbgrünlich, bis 1 cm lang, gefeldert, in der Jugend durch viele große Luftbläschen fleischig gedunsen, wie bethaut glänzend, später grubig; Lappen keilförmig, stumpf gekerbt. Früchte auf der Mitte des Laubes. Auf feuchten Lehmäckern, in ausgetrockneten Gräben u. s. w.; nicht allzu selten. R. crystallina L.
— graugrün oder blaugrün, ohne Luftbläschen (nur daß zuweilen die Früchte die Oberhaut blasig auftreiben). 3.
3. Laub am Rande und besonders an den Enden mit weißhäutigen, etwa 1 mm langen Wimpern. 4.
— ohne Wimpern. 5.

4. Laubrand geschwollen, besonders an den Enden. Laub bis 1 cm lang, auf seiner Oberfläche netzaderig. — Auf Aeckern, Wiesen, kurz begrasten Sandstellen; ziemlich selten. (Fig. 57.) R. ciliata Hoffm.

— verdünnt, weißhäutig; Oberfläche von kleinen Wärzchen rauh. Unweit Heidelberg an der Bergstraße zwischen Geröll gefunden. R. Bischoffii Hübener.

5. Früchte 2 oder 3, genähert auf der Mitte des Laubes. Laublappen blaugrünlich, schmal, lineal-keilförmig, gegabelt, unterseits purpurbraun, am verdickten Rande aufsteigend und trocken meist eingerollt. Die Laubrosetten kaum bis 1,5 cm im Durchmesser. An Hohlwegen, in Wäldern u. s. w. (Fig. 58.) R. minima L.

Davon unterschieden R. sorocarpa Bisch. durch die gleichfarbige, dick geschwollene Unterseite und die flachen Ränder des Laubes.

— reihig. Die Laubrosetten 1—3 cm im Durchmesser. 6.

6. Laub ober- und unterhalb blaß- oder bläulichgrün, punktirt, lineal- oder keilförmig, 0,5—1 cm lang, mit oder ohne Furche, gabelspaltig, stumpf gerundet, meist sternig gruppirt. — Auf feuchten Aeckern und in Gärten, an überschwemmt gewesenen Orten; überall häufig. R. glauca L.

— oberhalb bläulichgrün, unterhalb mit purpurnem Anfluge; Endlappen zugespitzt. — An ähnlichen Orten; ziemlich selten. R. bifurcata Hoffm.

Systematische Uebersicht der Lebermoose.

I. Ordnung: Jungermanniaceen.

A. Beblätterte J. (Foliosae).

a) Blätter unterschlächtig.

Fam. 1. **Gymnomitrieen** (Nackthaubige):
Sarcoscyphus,
Alicularia,
Gymnomitrium,
Haplomitrium.

Fam. 2. **Jungermannieen:**
Plagiochila,
Scapania,
Jungermannia,
Sphagnoecetis,
Liochlaena,
Lophocolea,
Chiloscyphus.

Fam. 3. **Geocalyceen** (Erdkelchige):
Geocalyx.

b) Blätter oberschlächtig.

Fam. 4. **Trichomanoideen** (Haarrankige):
Calypogeia,
Lepidozia,
Mastigobryum.

Fam. 5. **Ptilideen** (Flaumfederige):
Physiotium,

Trichocolea,
Ptilidium.

Fam. 6. **Platyphylleen** (Plattblätterige):
Radula,
Madotheca.

Fam. 7. **Jubuleen** (Kätzchenzweigige):
Frullania,
Lejeunia.

B. Laubförmige J. (Frondosae).

Fam. 8. **Diplomitrieen**:
Blyttia.

Fam. 9. **Haploläneen**:
Pellia,
Blasia.

Fam. 10. **Aneureen** (Ohnrippige):
Aneura.

Fam. 11. **Metzgerieen** (Gabellaubige):
Echinomitrium.

II. Ordnung: **Marchantiaceen.**

Fam. 12. **Lunularieen**:
Lunularia.

Fam. 13. **Marchantieen**:
Marchantia,
Preissia,
Fegatella,
Sauteria.

Fam. 14. **Grimaldieen**:
Reboulia,
Grimaldia,
Fimbriaria,
Duvalia.

Fam. 15. **Targionieen** (Muschelfrüchtige):
Targionia

III. Ordnung: **Anthoceroteen.**

Fam. 16. **Anthocereen** (Fruchthörnerige):
Anthoceros.

Sphaerocarpus,
Oxymitra.

IV. Ordnung: **Ricciaceen.**

Fam. 17. **Riccieen** (Nußfrüchtige)
Ricciella,
Riccia.

Erklärung der Abbildungen.

1. Sarcoscyphus emarginatus, a) Stengel in natürlicher Größe, b) vergrößert, mit Frucht, c) ein Blatt vergrößert.
2. — sphacelatus, a) natürliche Größe, b) vergrößert.
3. — Funckii, a) Stengel in natürlicher Größe, b) vergrößert, c) ein Blatt vergrößert.
4. Haplomitrium Hookeri.
5. Gymnomitrium concinnatum, a) Stengel in natürlicher Größe, b) vergrößert, mit Frucht, c) Blatt vergrößert.
6. Plagiochila asplenoides, a) Stengel in natürlicher Größe, b) Stengelstück vergrößert.
7. Scapania subalpina, vergrößert.
8. — albicans, a) Stengel in natürlicher Größe, b) vergrößert.
9. — umbrosa, a) Stengelstück vergrößert, b) Frucht vergrößert.
10 — nemorosa, vergrößert.
11. Jungermannia trichophylla, a) natürliche Größe, b) vergrößert.
12. — bicuspidata, vergrößert.
13. — connivens, vergrößert.
14. — Baueri, vergrößert.
15. — barbata, a) Stengel in natürlicher Größe, b) Blatt vergrößert, c) Nebenblättchen vergrößert.
16. — incisa, vergrößert.
17. — quinquedentata, ein Blatt vergrößert.
18. — Naumanni, vergrößert.
19. — minuta, a) natürliche Größe, b) vergrößert.
20. — saxicola, vergrößert.
21. — scutata, vergrößert.
22. — acuta, vergrößert.
23. — Taylori, natürliche Größe.
24. — crenulata, a) natürliche Größe, b) vergrößert.
25. Chiloscyphus polyanthus, vergrößert.
26. Lophocolea bidentata, a) natürliche Größe, b) vergrößert.
27. heteropbylla, vergrößert.

28. Geocalyx graveolens.
29. Calypogeia Trichomanes, a) natürliche Größe, b) vergrößert.
30. Mastigobryum trilobatum, a) natürliche Größe, b) vergrößert.
31. Lepidozia reptans, a) natürliche Größe, b) vergrößert.
32. Ptilidium ciliare, natürliche Größe
33. Trichocolea Tomentella, a) natürliche Größe, b) Stengelstück vergrößert.
34. Radula complanata.
35. Madotheca platyphylla, vergrößert
36. — laevigata, a) natürliche Größe, b) vergrößert.
37. Frullania dilatata, vergrößert.
38. — Tamarisci, a) natürliche Größe, b) vergrößert.
39 Lejeunia serpyllifolia vergrößert.
40. Pellia epiphylla, natürliche Größe.
41 Blasia pusilla, natürliche Größe.
42. Echiomitrium furcatum, natürliche Größe.
43. Aneura multifida, natürliche Größe.
44. — pinnatifida, natürliche Größe.
45. — pinguis, natürliche Größe.
46. — palmata, natürliche Größe.
47. Marchantia polymorpha, a) männlicher Blüthenboden, b) weiblicher Blüthenboden, c) geöffnete Kapsel vergrößert.
48 Preissia commutata, a) natürliche Größe, b) geöffnete Kapsel vergrößert, c) Schleuder, d) Spore.
49. Fegatella conica, a) weiblicher Blüthenboden, b) Kapsel mit Blüthendecke etwas vergrößert, c) dieselbe geöffnet.
50. Lunularia vulgaris, a) natürliche Größe, b) geöffnete Kapsel vergrößert, c) Brutbecher
51. Fimbriaria fragrans, a) weiblicher Blüthenboden, b) Kapsel vergrößert.
52. Duvalia rupestris, a) weiblicher Blüthenboden, b) geöffnete Kapsel vergrößert.
53. Targionia Micheli, A. natürliche Größe, B. vergrößert, a) Unterseite, b) Oberseite.
54. Anthoceros laevis, natürliche Größe.
55 Ricciella fluitans, natürliche Größe.
56. Riccia natans, natürliche Größe.
57. — ciliata, natürliche Größe.
58. — minima, natürliche Größe, a) Kapsel vergrößert, b) Spore sehr vergrößert.

Zweite Abtheilung.

Gefäßkryptogamen.

Einleitung.

Die Gefäßkryptogamen sind die höchstorganisirten Repräsentanten der Kryptogamenwelt, der sie fast nur nach ihrem Fruchtcharakter noch entschieden angehören. Durch ihre reiche Gliederung sowie durch ihren anatomischen Bau deuten sie über den Kryptogamentypus schon ernstlich hinaus und neigen bedeutsam zu den niederen Phanerogamen (d. h. den Blüthen- oder Samenpflanzen). Sie sind in der That eine Uebergangsgruppe zwischen beiden großen Pflanzenklassen, welche innerlich anscheinend so unvereinbar auf Erden neben einander leben.

Schon in morphologischer Hinsicht bilden die Gefäßkryptogamen den Uebergang, indem sie einen wirklichen Wurzelstock haben, — weshalb man sie auch „Wurzelkryptogamen" benannt hat —, und reich gegliederte Stämme, Wedel oder Schäfte aus demselben hervorsprießen. Blatt und Stengel sind freilich meist noch einigermaßen verschmolzen; besonders bei Schafthalmen treten Blätter nur andeutungsweise in den zähnigen Scheiden auf, welche die Knotenpunkte ihrer Halmglieder abschließen. Einzig bei den Bärlappen und einigen Wasserfarnen ist eine deutliche Sonderung in Stengel und leidlich ausgebildete Blätter vorhanden.

Ganz entschieden aber sind die Gefäßkryptogamen in anatomischer Beziehung hochorganisirt. Ihr Körper ist nicht wie bei den Zellenkryptogamen (den Pilzen, Algen, Flechten, Moosen, Lebermoosen) nur aus einfachen Zellen gebildet; er ist vielmehr von Gefäßbündeln und Holzzellen mannigfach durchsetzt, woher auch seine höhere Kräftigkeit stammt. Und zwar sind gewöhnlich mehrere Gefäßbündel vorhanden. Bei den Schafthalmen in einem Kreis stehend (wie es die Schnittfläche derselben zeigt) ziehen sie sich geradlinig von Knoten zu Knoten, in diesen sich verschlingend, um wiederum Gefäßstränge in die Quirläste auszusenden. Bei den Farnen laufen diese Gefäße wellenlinig, sich an ihren Ausbeugungen seitlich aneinanderlegend und wieder abbiegend, und sind an ihrer Außenseite von braungefärbten Holzzellen umgeben; auch sind sie bei den Farnen nur annähernd kreisgeordnet, und besonders die größeren Bündel sind rinnig, wodurch die Querschnitte der Wedelstiele oft eine wunderliche Zeichnung haben, wie etwa beim Adlerfarn die Gefäßbündel derartig geordnet sind, daß die Schnittfläche das Bild eines Doppeladlers zeigt. Durch die kreisgeordnete Vertheilung der Gefäßbündel entsteht aber noch eine weitere anatomische Vollkommenheit; nämlich es wird dadurch das übrige Parenchymzellengewebe sowohl peripherisch als nach der Stengelachse hin in zwei gesonderte Partien geschieden, und die Gefäßkryptogamen entwickeln in Folge davon sowohl Mark als Rinde, wovon bei niederen Kryptogamen kaum eine Andeutung zu finden ist.

Die nahe Verwandtschaft der Gefäßkryptogamen mit den Phanerogamen ist außerdem schöpfungsgeschichtlich außer allem Zweifel gestellt. Denn die mächtige Vegetation der Sekundärzeit bestand fast ausschließlich aus Gewächsen, welche in ihrem Bau mit unsern Farnen, Equiseten und Bärlappen durchaus übereinstimmten. Ja eine Anzahl von Farnengattungen sind als kohlige Abdrücke in ältesten Schiefergebirgen (sogenannter Kräuterschiefer) bestens erhalten, aus denen sogar die volle Uebereinstimmung vieler Gattungen mit heutigen sich ersehen läßt. Die geologischen Botaniker unterscheiden daher jene vorweltlichen Gattungen nur durch andere Endung (— ites) der Gattungsnamen, indem sie also etwa anstatt von Asplenium von Asplenites reden. Erst als jene vorweltliche gefäßkryptogame Vegetation unterging, welcher wir vorwiegend unsere gewaltigen Steinkohlenlager verdanken, erschien auf Erden in der Tertiärperiode alsbald auch eine phanerogama Pflanzenwelt, welche nun bald mehr und mehr vorzuwalten begann und zu immer reicherer Entwickelung kam. Die ehemaligen Gefäßkryptogamen sollten damit indessen nicht völlig aussterben und sind es bis heute nicht; aber überflügelt von der vollkommeneren Pflanzenwelt, welche aus ihnen hervorgegangen war, wurden sie ein sich auffällig verminderndes Geschlecht. — Ob nicht aber unsere heutigen Farne, Schafthalme und Bärlappe für den Botaniker gerade auch darum ein besonderes Interesse beanspruchen, weil sie mitten in unserer bunten Wiesen-, Wald- und Uferflor und der blumigen Bergflor die noch lebenden Zeugen einer nebelfernen Vergangenheit sind, übriggebliebene Typen der frühesten Vegetationszeit unserer Erde!

Ihr Fruchtcharakter weist sie indessen ausschließlich den Kryptogamen zu. Eine Spore ist ja auch bei ihnen das durch geschlechtlichen Vorgang nach mehrerem Generationswechsel der betreffenden Pflanze sich ergebende endliche Fortpflanzungsorgan. Solche Sporen finden wir bei allen Gefäßkryptogamen, stets zahlreich eingeschlossen in besondern Behältern: in Säckchen (bei den Schafthalmen und Bärlappen), oder in fast mikroskopisch kleinen einfächerigen Büchsen (bei den Farnen), oder in mehrfächerigen pillengroßen Kugelgehäusen (bei den Wasserfarnen). Diese Behälter „Sporangien“ platzen zur Zeit der Reife meist querspaltig auf und schütten zahllose Mengen staubfeiner Sporen aus, welche Wind und Regen dann verstreut. Zwischen der Aussaat solcher Sporen und dem Wiedererscheinen der vollendeten Pflanze liegt nun aber eine Reihe von Entwicklungen, ein mehrfacher sogenannter Generationswechsel, wodurch gleichfalls die Kryptogamen charakterisirt und von den Phanerogamen wesentlich verschieden sind. Nämlich die ausgestreute Spore entwickelt aus sich zunächst einen läppchen- oder herzförmigen, meist nur wenig über 1 cm großen oder größeren Vorkeim. Auf diesem lassen sich mit Hilfe des Mikroskopes geschlechtliche Organe unschwer entdecken, deren Entwicklung eben die wesentliche Absicht des Vorkeimes ist. Es sind das die meist in Wülstchen oder Wärzchen eingeschlossenen (männlichen) „Antheridien“ und (weiblichen) „Archegonien“, welche entweder beide zusammen auf einem und demselben Vorkeim zu treffen sind, oder bei Gattungen getrennten Geschlechts auf verschiedenen, oft ziemlich von einander entfernten Vorkeimen. Ist die Befruchtung eines Archegonium vollzogen, was bei getrennten Geschlechtern durch Wind und Wetter, oft durch übergleitende Thautröpfchen zu geschehen hat, so beginnt auf dem Vorkeim selbst die eigentliche Pflanze, also etwa der Farnwedel, zu erwachsen; dieser nun bei seiner stetig weiteren Ausbildung erweist sich als eigentlicher Fruchtträger dadurch, daß er die Sporenblätter an sich entwickelt.

Im Freien haben wir freilich selten Gelegenheit, diese Vorgänge zu belauschen, weil nicht alle die prächtigen Farnen, welche den Waldgrund zieren, und ebensowenig die jeden Sumpf durchstarrenden Schafthalme direkt durch Sporenentwicklung hervorgesproßt waren. Denn die Natur läßt von der Sporenmenge immerhin nur wenige sich ausbilden und überall ganz besonders durch Wurzelsprossung eine Vermehrung stattfinden. Der Wurzelstock eines Gefäßkryptogamen hat ja gewissermaßen eine ewige Dauer und treibt alljährlich neue Sprossen, wodurch er sich fortwährend verjüngt und auch vergrößert. Deshalb sehen wir wenige Schafthalme in einem Teiche im Laufe der Jahre zu einem dichten Lanzenwald sich vermehren, und die Farne kommen fast stets zu reichen Büscheln gruppirt vor. Aber bei vorsichtiger Aussaat der Sporen in feuchtem Warmhause, und zwar nach der Gärtner Weise auf ein feuchtes Torfstück, können wir diese in kurzer Zeit sich zu reichlichen Vorkeimen entwickeln sehen und des Weiteren den ganzen Entwicklungsgang bestens beobachten.

Trotzdem sämmtliche Gefäßkryptogamen so übereinstimmenden Charakter in biologischer Hinsicht haben, sind sie doch im äußeren Aussehen so sehr verschieden, daß man eigentlich meinen möchte, es seien die verschiedensten Gewächse gewaltsam unter diesen Titel gestellt. Aber auch diese Verschiedenheit ist mehr nur Schein, und selbst die ungleichartigsten Gefäßkryptogamen, etwa die Farne und Bärlappe, haben mehr morphologische Aehnlichkeit, als für den ersten Anblick einleuchten möchte. — Sehen wir sie uns jetzt einzeln an, um jede Abtheilung in ihrem besonderen Bau zu würdigen und zugleich die für das Bestimmen derselben nöthige Kenntniß ihrer Theile zu gewinnen.

1. Den **Schaft-** oder **Schachtelhalmen** (Equisetaceen) gebührt ohne Widerspruch der oberste Rang unter allen Gefäßkryptogamen, da sie durch ihre Fruchtzapfen am nächsten an eine Klasse der Phanerogamen, nämlich an die Koniferen sowie an die australischen Kasuarinen streifen, welche letztere mit ihnen außerdem den schäftigen und gliedstengeligen Bau gemeinsam haben. Sie haben einen ausdauernden Wurzelstock, welcher gleich dem Stengel hohl, knotig-gegliedert, gestreift oder gefurcht und selten glatt ist; er ist schwarz oder schwarzbraun und läuft entweder horizontal, oder schräg, oder senkrecht oft mehrere Fuß tief in der Erde, so daß er z. B. beim Ackerschafthalm eine Plage des Landmanns ist und unter dem Namen Duwok von demselben verdammt wird. Von den scheidig umgebenen Gliedknoten dieses Wurzelstockes gehen Wurzelfasern nach allen Seiten wirtel-, d. h. kreuz- oder quirlartig aus; zugleich entwickeln sich daselbst zwiebel- oder flaschenförmige bleichweiße Knospen oder Augen, welche sich später zu Halmen entwickeln und so den Mutterstock vermehren. Speziell beim Ackerschafthalm treffen wir außerdem an dem Wurzelstockknoten oft noch eigenthümliche harte schwarze Knollen, erbsengroß und größer, einzeln oder zwei einander gegenständig, welche aus jedem ihrer Punkte Brutknospen treiben können, die sich dann gleichfalls zu Halmen entwickeln. Da der Halm bei vielen Arten im Winter abstirbt, sind es diese zum Winter sich besonders reichlich ausbildenden und winterlich ruhenden Knospen und Knollen, aus welchen zum Frühling die ersten jungen Halme hervorsprießen.

Dem unterirdischen Wurzelstock entsprechend ist der oberirdische Halm gebaut. In seiner wunderbaren Symmetrie eine wahrhaft mathematische Gestalt! Dieser aufrechte, meist kerzengerade aufsteigende Schaft ist aber charaktervoll gegliedert, und an jedem seiner Gliedknoten äußerst zierlich mit einer zähnig-gesäumten Scheide versehen. Einige Arten, besonders Equisetum hiemale und E. variegatum, bewahren fast stets diese einfache Säulenform; andere dagegen nur in ihrer Jugend, und es brechen dann aus dem Grunde der Gliedknoten kranzartig Wirtel (Quirle) von Aesten hervor. Diese Aeste haben denselben gegliederten Bau, aber weniger Riefen und Scheidenzähne und sich meist rauher als der Mutterschaft. Wenn gar diese Wirteläste sich wiederum quirlartig verzweigen, wobei diese Zweige zweiter Ordnung anmuthig meist überhangen, so entsteht die überaus reizende Gestalt, welche wir vor Allem bei E. sylvaticum nicht genugsam bewundern können. — Für die Bestimmung der Arten ist das Verzweigungsverhältniß, ebenso Riefung, Glätte oder Rauhheit der Halme oder Zweige von Bedeutung. Nicht minder das Zahlenverhältniß, welches da überall waltet. Denn bei jeder Art haben sowohl die Halm- als auch die Zweigscheiden eine ziemlich bestimmte Anzahl von Zähnen, welche wiederum mit der Zahl der Furchen oder Riefen von Halm und Zweigen übereinstimmt; diese aber ist bedingt durch die Anzahl von Gefäßbündeln, welche das Stengelglied durchziehen, so daß in letzter Instanz anatomische Verhältnisse der wesentliche Grund der Artenverschiedenheit sind.

Ein Fruchtzapfen krönt endlich den Halm; freilich nicht jeden Halm. Bei einigen Arten sind die besonderen Fruchthalme auch von ganz eigenem Aussehen, nämlich einfach, bleichröthlich oder bräunlich, gedunsen, weich und ohne jede Verästelung. Das sind die sogenannten „Frühlingshalme", welche schon in April mit ihrem Fruchtzapfen erscheinen und nach dessen Reife im Mai völlig verwelken: während dann erst die grünen, robusten, sich verzweigenden „Sommerhalme" aus demselben Wurzelstock aufschießen, welche niemals Früchte tragen. Bei anderen Arten entwickelt sich der Frühlingshalm weiter, nachdem sein Fruchtzapfen verwelkt ist, verzweigt sich dann und durchdauert den ganzen Sommer bis zum Winter, während zugleich unfruchtbare, sich alsbald verzweigende Halme in Menge von Anfang Sommer an neben ihnen aufschießen. Noch andere Arten treiben fruchtbare und unfruchtbare Halme das ganze Jahr über und diese sind von Anfang an in ihrem Aussehen durchaus nicht verschieden. Es ist das eine in der That originelle Mannigfaltigkeit der Entwicklung bei verschiedenen Arten doch ein und derselben Gattung, wie keine andere Pflanzenfamilie sie aufweisen kann. — Der Fruchtzapfen selbst fesselt nicht minder das Interesse. Wir sehen ihn spiralig zusammengesetzt aus einer großen Anzahl sechseckiger brauner Schildchen (Fruchtträger), welche jedes (Fig. 2 b) mit einem kurzen centralen Stiel der gemeinsamen Zapfenspindel angesetzt sind. Auf ihrer Unterseite tragen diese Schildchen, entsprechend ihren sechs Ecken, sechs blasse Säckchen, welche zur Zeit der Reife aufplatzen und feinen grünlichen Sporenstaub ausleeren. Derselbe auf die Hand geschüttet, zeigt überraschend eine eigenthümliche wimmelnde, fast hüpfende Bewegung; unter dem Mikroskope wird uns der Grund davon klar, denn da sehen wir jede Spore (Fig. 2 c, d) mit vier an einem gemeinsamen Punkt befestigten Schleuderarmen ausgestattet, welche durch ihr ruckweises Umherschlagen jene Fortbewegung jeder einzelnen Spore veranlassen, so daß diese wie Spinnen umherzukriechen scheinen. Diese Schleudern waren ursprünglich allerdings fest um die Spore gewickelt und über ihnen war die Spore noch von einem zartesten Häutchen überzogen. Durch Aufnahme von Feuchtigkeit, schon durch Berührung unserer Hand, erwachte nun die hygroskopische Fähigkeit der Schleudern: sie rollten sich auf, wobei jenes Häutchen zerriß, und streckten sich nun auf und ab. Werden sie trocken, so hört naturgemäß die Bewegung wieder auf, welche wir aber durch bloßes Anhauchen von neuem hervorrufen können.

Die Vorkeime, welche aus diesen Sporen sich entwickeln, sind eingeschlechtlich, so daß die einen nur (weibliche) Archegonien und andere nur (männliche) Antheridien mit Samenfäden hervorbringen. Es ist der Befruchtungsvorgang daher hier scheinbar erschwerter als etwa bei den Farnen, bei denen stets ein und derselbe Vorkeim zugleich Archegonien und

Antheridien entwickelt. Da die Schafthalm-Vorkeime aber meist sehr zahlreich vorhanden sind, außerdem die männlichen und weiblichen dicht durcheinander stehen, so kann schon ein überfließender Thautropfen die sexuelle Vereinigung vermitteln. Nach der Befruchtung nun entwickelt sich auf dem Vorkeim selbst zunächst ein unfruchtbares Hälmchen mit dreizähnigen Scheidchen, später am Grunde dieses Hälmchens auch die erste Wurzelstockknospe. So reichlich sich das Pflänzchen im ersten Jahre durch Sprossung aber schon vermehren mag, es brechen doch stets erst im zweiten Jahre aus kräftigen Wurzelstocksprossen auch fruchtgekrönte Halme hervor.

2. Mit den Schafthalmen haben schon äußerlich einige Aehnlichkeit die **Bärlappe** (Lycopodiaceen). Diese gegen die so massenhaft allerorten auftretenden Schafthalme allerdings spärlich vorkommenden Gefäßkryptogamen sind besonders den Gebirgen zugehörig, wo sie sich immerhin reichlich genug finden und in Waldgründen, besonders gern am Fuß alter Bäume, an Hohlwegen, in Felsklüften mit ihren schlangenartigen, sich windenden, blaßgrünen Stengeln sich lang hinstrecken und ihre gelblichen Fruchtähren auf kurzen Aesten kerzengerade erheben. Aber auch in der Ebene fehlen sie fast nirgends völlig; in lichten Waldungen, in gebüschigen Niederungen, an haideartigen Abhängen sind sie in all und jeder deutschen Lokalflora mannigfach vertreten; kennt man einmal ihren Charakter, die Weise ihres Vorkommens u. s. w. so wird man bald immer neue Standörter in jeder Gegend aufzufinden im Stande sein. Man muß ja überhaupt erst zu botanisiren verstehen, um etwas zu finden, und wenn sich der Anfänger über den glücklichen Blick eines Botanikers verwundert, so ist's doch meist nur dessen Erfahrung und Intelligenz, was ihn Seltenheiten entdecken läßt an Stellen, wo der andere resultatlos vorüberging.

Die Bärlappgewächse haben fast sämmtlich einen auf der Erde niederliegenden, perennirenden, dicht beblätterten Stengel, welcher seinen Rücken entlang Wurzeln aussendet, mit denen er am Boden hinrankend stetig an demselben festhaftet. Diese

Hauptachse verjüngt sich jährlich durch Spitzenwachsthum, sowie sie ihrer Länge nach Aeste treibt, welche entweder in ihren Blattachseln die Früchte entwickeln, oder aus ihrer Spitze gestielte oder ungestielte eigenartige gelbliche Fruchtähren hervorbringen; diese letzteren haben wir nur als einen umgewandelten Fruchtast zu beurtheilen. Die Blätter sind an Stengel, Aesten und Fruchtähren meist von auffällig verschiedener Form.

In den Achseln der Ast- oder Aehrenblätter entwickeln sich die Sporenfrüchte. Diese haben meist eine nierenförmige Gestalt, platzen bei ihrer Reife an ihrem Scheitel (Fig. 2, A, a) mit einer Querspalte auf und schütten dann die meist reichlichen gelben Sporen aus, welche speziell bei der häufigsten Art (bei Lycopodium clavatum) als sogenanntes „Hexenmehl" bekannt sind. Man hat sich aber vergeblich bemüht, diese Sporen durch Aussaat zum Keimen zu bringen, was wohl dem Umstande zuzuschreiben ist, daß wir es hier mit sogenannten Mikrosporen zu thun haben, welche überhaupt nie keimen und nur berufen sind, die anderswo (meist unterwärts an der Fruchtähre) befindlichen Makrosporen zu befruchten. Es ist eben Thatsache, daß die Bärenlappgewächse diese zwei sehr verschiedenen Arten von Sporen führen, deren Verhältniß zu einander noch immer einigermaßen uns unverständlich ist. Bei Lycopodium enthalten die Fruchtähren allerdings bloß Mikrosporen; aber z. B. bei Selaginella, welche häufig als gärtnerische Topfpflanze gepflegt Jedermann bekannt sein dürfte, sind Mikrosporen (Fig. 3 b) und Makrosporen (Fig. 3 c) in derselben Fruchtähre vereinigt, und zwar stehen da die kleineren mikrosporigen Früchte im oberen Theile der Fruchtähre, die größeren makrosporigen Früchte im unteren Aehrentheile, oder es sind beide regellos an derselben Aehre vertheilt. Die Makrosporen der Selaginella haben sich auch bestens zum Keimen bringen lassen.

Noch sei bemerkt, daß außer den Gattungen Lycopodium und Selaginella neuerdings mit Recht auch die Gattung

Isoetes unter die Lycopodiaccen gerechnet wird, welche man vormals unter die Wasserfarne (oder Wurzelfrüchtler) stellte.

3. Die stattlichsten und zugleich graziösesten Gefäßkryptogamen sind die **Farne** oder Farnkräuter (Filices), welche in hohen schwanken Büscheln oder zerstreuten Trupps gar malerisch unsere Waldgründe bewohnen, die Ufer der Wiesen- und Waldbäche mit mächtigen Wedeln umstehen und altes Gemäuer verzieren, aus dessen Ritzen allerorten auch im Flachlande mindestens die kleine Mauerraute zierlich hervorsproßt. Ganz besonders aber im Gebirge kommen sie in größter Mannigfaltigkeit und üppiger Entfaltung vor. Da an allen Schluchten und Felswänden wallen sie aus deren Spalten und erdigen Rissen wie Büschel grüner Reiher- oder Straußfedern herab; in den engsten Felsenritzen sprießen kleine wundersame Wedel. Ebenso die Hohlwege, die feuchten Gründe, die Gebirgsbäche und Wasserfälle prangen im Schmuck edelster Farnarten. Freilich sind das immerhin nur schwächliche Nachkommen der gewaltigen Geschlechter, welche vor der Steinkohlenperiode auf Erden die Herrschaft hatten. Gleich den vorweltlichen Schafthalmen und Bärlappen stellten auch sie Bäume dar, indem ihr Wurzelstock nicht in der Erde ruhte, sondern zu einem mächtigen Stamme sich emporreckte, der hoch in den Lüften seine aus viele Meter langen Wedeln zusammengesetzte Wipfelkrone trug, welche sich flach weithin ausbreitete und ihr zartes grünes Gefieder in jedem Windhauch träumerisch bewegte. Nur unter dem glühenden Gürtel der Tropen, besonders in den amerikanischen Urwäldern sind solche unvergleichlich schönen Baumfarne mit bis 40 Fuß hohen Stämmen und palmartigen Wipfeln noch reichlich genug vorhanden; auch in unsere Gewächshänser versetzt, üben dieselben einen eigenen Zauber auf Auge und Gemüth des Beschauers. Freilich wenn wir die baumstammartig erhobenen Wurzelstöcke und die gigantischen Formen der Wedel abrechnen, so haben sie vor unseren heimischen Farnen durchaus nichts voraus; die Wedel mancher unserer Aspidium-Arten oder unseres Adlerfarn erlangen an günstigen Oertlichkeiten ja auch oft so gewaltige Dimensionen,

wie die Blätter keiner noch so üppigen Kräuter umher, und wir erhalten schon an ihnen genugsam den Eindruck der Gewaltigkeit vorweltlicher Farnvegetation.

Einfach wie bei keinen andern Gefäßkryptogamen ist aber ihr Bau. Der Wedel besteht aus dem Stiel, Spindel aufwärts genannt, wo die beidseitliche blattflächige Erweiterung beginnt, welche durch ihre reichen Einschnitte und deren Zerfiederung allerdings den Eindruck vollerer Organisation macht. Ja so sehr der Wedel durchweg Blatt zu sein scheint, hat er in Wahrheit doch vorwiegend Stengelcharakter. Die trockenhäutigen Schuppen, welche dem Stiel und der Spindel mehrerer Arten (besonders bei Aspidium) charakteristisch sind, dürfen nur als nebensächliche Anhängsel, nicht aber, wie man vormals geltend machte, als die eigentlichen Blätter verstanden werden. Ebenso eigenthümlich wie die Verschmelzung von Stengel und Blattnatur, ist die Entfaltung der Wedel. Indem sie aus den unterirdisch hervorbrechenden Knospen des Wurzelstockes sich entwickeln, zeigen sie sich in überaus origineller Weise anfangs wie Locken eingerollt, welche bei ihrer Entfaltung durch Spitzenwachsthum allmählich erst sich ausrollen, bis sie zuletzt die flache schlanke Wedelform erhalten.

Ihre Fruchtbildung ist wohl am interessantesten bei den sogenannten „unechten Farnen", welche freilich nur eine kleine Anzahl ausmachen (z. B. Natterzunge, Mondraute, Königsfarn) und außerdem leidliche Seltenheiten jeden Florengebietes sind. Bei ihnen sind die braunen, rundlichen Fruchtbüchsen zu einer ansehnlichen Aehre oder Rispe geordnet, welche lang gestielt über den mit gefiederten Wedeln oder einfachem Blatt versehenen Stengeln schlank sich erheben. Sehen wir den Bau dieser Fruchtstände aber genauer an, so finden wir an denselben völlig die Wedelform wiederholt und müssen uns sagen, daß der Fruchtstand nur als ein (gewissermaßen monströs) umgewandelter Wedel, als ein gipfelständiger Fruchtwedel zu beurtheilen sei.

Ganz anders ist's bei den „echten Farnen", bei denen jeder Wedel und jedes Fiederchen des Wedels fruchten kann, und zwar in den meisten Fällen ohne dadurch irgend eine Verwandlung zu erleiden. Die braunen Fruchthäufchen erscheinen da auf der Unterseite des Wedels, welche sie in geordneten tüpfeligen oder stricheligen Doppelreihen, oder als ununterbrochener Saum besetzen. In der Jugend sind sie bei einigen Arten überzogen von einem Schleierchen, d. h. einem weißlichen zarten Häutchen, dessen Form und Befestigungsweise einen vorzüglichen Charakter der verschiedenen Gattungen ausmacht; bei anderen Arten sind sie anfangs von dem zurückgerollten grünen Rand der Fiedern oder von deren zurückgeklappten Kerben überdeckt; bei noch anderen Arten endlich sind sie von Anbeginn völlig nackt. Es sind aber in der That Häufchen, denn schon unter scharfer Lupe und besonders unter dem Mikroskop lösen sich dem Beschauer alle jene braunen Tüpfelchen, Strichelchen und Säume in eine große Anzahl brauner gestielter Büchschen auf, welche einem gemeinsamen Grunde angewachsen sind. Und zwar sind es Büchschen von überaus zierlicher Form, meist döschen-, scheiben- oder eiförmig und an ihrem Rande rings von einem zart gegliederten Ringe umgeben (Fig. 7). Bei der Reife springt dieser Ring elastisch auf, und da er durchweg mit der Büchse selbst verwachsen war, zerreißt er diese selber mit, so daß sie nun ihre Sporen ausschütten kann. Wiederum sind diese Sporen nicht außer Beachtung zu lassen, da auch sie bei verschiedenen Gattungen und Arten eine besondere Beschaffenheit haben: sie sind kugel- oder eirund oder nierenförmig, ihre Oberfläche ist glatt oder warzig-uneben oder rauh, ihre Farbe schwankt in allen Tönen von Braun und Schwarzbraun.

Betrachten wir schließlich die Entwicklung eines Farn von dem Keimen einer Spore bis zur Entfaltung des Wedels. Die zu beobachtenden Vorgänge dabei sind: 1. Die Keimung der Sporen, 2. Bildung des Vorkeim (prothallium oder proembryo), 3. Entstehung der sexuellen Organe (Antheridien und Archegonien) auf der Unterseite dieses Vorkeimes und die Befruchtung, 4. in Folge derselben die Bildung und das Hervorsprießen des Wedels aus dem Vorkeim.

Das Keimen einer Spore geschieht, indem wir sie feuchter Wärme aussetzen. Dabei platzt zunächst die äußere Sporenhaut, von zartem Häutchen umschlossener flüssiger Inhalt drängt sackartig heraus. Durch eine sich bildende innere Scheidewand wird diese sackartige Ausbauchung alsbald aber von dem Sporeninnern als besondere Zelle abgegrenzt, und es werden in derselben auch schon einige Chlorophyllkörnchen sichtbar. Die erste Zelle setzt nun durch querwandige Theilung neue Zellen, etwa 4—6 solche, aus sich heraus, und es entsteht so eine wurmförmige Zellenreihe. In deren Scheitelzelle geht sodann eine Längstheilung vor sich, wodurch also zwei Scheitelzellen entstehen, und indem diese beiden sich durch Quertheilung wiederum vermehren, bildet sich eine doppelte, ja bald eine mehrfache Zellenreihe (Fig. 5 a). Das ist das anfängliche Aussehen eines Vorkeimes Jetzt setzt sich an dessen Grunde auch das erste Haarwürzelchen an, mit welchem er im Boden befestigt wird. Nach fortgesetzter Zellentheilung und blattflacher Ausbildung des Vorkeimes treten noch endlich Theilungen oder Lappungen (Fig. 5 b) desselben ein, und er erhält dadurch seine endlich meist herzförmige Gestalt; mit fortschreitendem Wachsthum wird diese Ausbuchtung noch immer tiefer, womit seine bestimmte Ausbildung abschließt.

Die Unterseite dieses Vorkeimes hat jetzt auch die wichtigen an ihm sich bildenden sexuellen Organe entwickelt. Und zwar am hinteren Theil der Vorkeim-Unterseite wölbten sich einige Zellen halbkugelig nach außen, traten dadurch papillenartig hervor und grenzten endlich durch eine Querwand diese Wölbung nach außen hin von sich ab. Diese junge Wölbungszelle vermehrte sich bald durch innere Theilungen zu einem warzenförmigen (mit der Lupe deutlich erkennbaren) Zellenkörper, der in seinem Innern eine centrale, auffällig große Zelle hegt. Das ist die Antheridie (Fig. 6 a), ein den Staubgefäßen der Phanerogamen entsprechendes männliches Befruchtungsorgan. Jene centrale Innenzelle vermehrt wiederum sich durch innere Theilungen zu kugelförmig geballten mehreren würfelförmigen Zellen, davon jede in sich als wichtigen Inhalt ein überaus zartes Bläschen (Fig. 6 b) birgt. Dieses nun umschließt die eigentlichen Samenfäden oder Spermatozoide: spiralig aufgerollte, mit Widerhärchen versehene, glatte, schwänzchenartig auslaufende, winzigste Fasern (Fig. 6 c). Nachdem schließlich bei der Reife die Mutterzellen sämmtlich aufgelöst sind und die Scheitelzelle der Antheridie sternartig aufgeplatzt ist, treten jene Bläschen heraus und in Wasser oder in das geringste Thautröpfchen gelangend nehmen sie eine eigenthümlich drehende Bewegung vor, platzen in Folge davon auf, der Samenfaden bricht dadurch heraus und entfernt sich eiligst in raschester Bewegung.

Näher der herzförmigen Ausbuchtung des Vorkeimes haben wir dagegen die weiblichen Organe, die Archegonien, zu suchen, welche von jenen Samenfäden befruchtet werden sollen, um in Folge davon dann den Farnwedel (als das Produkt dieser Befruchtung) aus sich hervorgehen zu lassen. Die Archegonien, deren ein Vorkeim immer nur einige wenige, etwa bis zu acht entwickelt (während die Antheridien stets weit reichlicher vorhanden sind), stellen ein aus zartem Zellgewebe bestehendes kissenförmiges oder erhabenes Wärzchen (Fig. 6 d) dar, welches an seinem Grunde eine größere Centralzelle umschließt, nämlich die eigentliche Mutterzelle. Während diese letztere sich ausbildet, öffnet sich zugleich das Archegonium (Fig. 6 e) an seinem Scheitel, und es entsteht da ein direkt auf die Centralzelle hinführender Kanal: der Befruchtungsweg für die Samenfäden der Antheridien. Freilich wird bei weitem nicht jedes Archegonium befruchtet; solche wuchern in dem Falle auf dem Vorkeim oft ziemlich lang fort und erhalten auch wohl monströse Auswüchse; es entstehen am Vorkeim dann neben ihnen ab und zu auch noch neue, aber ganz unvollkommene Archegonien. Indessen diese alle können auf keine Befruchtung mehr rechnen, da die nöthigen Antheridien nur in der ersten Bildungszeit des Vorkeimes entstanden und später nie mehr erscheinen.

In der befruchteten Mutterzelle eines Archegonium geht eine aber jetzt rasche Zellenvermehrung vor sich. Selbige verwandelt sich zunächst in einen rundlich-eiförmigen Zellenkörper, und das nun ist der eigentliche Keim (Fig. 6 f) des Farn, welcher bald in gar keinem Lebenszusammenhange mehr mit dem Vorkeim steht. Er drängt in seinem Wachsthum die Vorkeimpartien bei Seite und entwickelt sich fortan völlig selbstständig. Der erste Farnwedel schießt am herzförmigen Einschnitt des Vorkeims aus diesem Keim auf (Fig. 5 c)! Allerdings ist's zunächst ein zärtlicher, besonders in die Länge wachsender, vorwiegend stengeliger Wedel mit nur wenigen (meist 2—4) Läppchen. Auch das erste Würzelchen bildet sich jetzt am Grunde dieses ersten Wedels, welcher damit nun am Boden eine selbständige Befestigung erhält.

Am Grunde dieses ersten Wedels entwickelt sich sodann, ehe derselbe noch völlig ausgewachsen ist, ein zellenkegeliges Knöspchen (Terminalknospe) als Anlage auch schon des zweiten Wedels (Fig. 5 d), welcher alsbald darauf sich aufzukrümmen beginnt und die erste wedelige Ausbildung bei weitem übertrifft. Eine folgende, dritte u. s. w. solche Knospe am Grunde des vorhergehenden Wedels kommt dann zur Entwickelung, und so entsteht bald auch die büschelige Gruppirung, welche die meisten Farne auszeichnet.

4. Nur eine kleine Gruppe ist's, welche schließlich die sogenannten **Wasserfarne** (Hydropterides) oder **Wurzelfrüchtler** (Rhizocarpeae) ausmachen. Dieselben gehören außerdem zu den selteneren oder seltensten Pflanzen des deutschen Gebietes überhaupt, so daß es stets eine hohe Freude dem Botaniker ist, wenn er das eine oder das andere dieser wasserbewohnenden Pflänzchen einmal antrifft. Bei sehr verschiedenem Habitus haben sie als gemeinsamen Charakter, daß sie ausschließliche Wasserbewohner sind, sowie daß sie ihre kurzgestielten kugeligen, etwa pfefferkorngroßen Früchte an ihrem Grunde dicht über den Wurzeln tragen. Diese Früchte sind in ihrem Innern meist fächerig und reicher als bei den übrigen Gefäßkryptogamen zusammengesetzt, und wie bei den Lycopodiaceen sind auch bei ihnen Mikrosporen und Makrosporen anzutreffen, welche in die verschiedentlichen Früchte vertheilt sind. Während

die Wasserfarne dadurch höher organisirt sind als alle übrigen Gefäßkryptogamen, stehen sie aber wiederum durch den anatomischen Bau ihres Stengels auf der untersten Stufe derselben. Denn ihr Stengel (Hauptachse) besteht nur aus lockerem Parenchym und ist bloß von einem centralen Gefäßbündel durchzogen.

Neben der Anlegung eines Herbarium der Gefäßkryptogamen ist für den Besitzer eines Gartens besonders auch die Kultur derselben zu empfehlen, etwa auf einem mit Feldsteinen umgebenen Beete; dieses muß etwas schattig gelegen und mit Drainage dadurch versehen sein, daß man ihm eine Unterlage von grobem Kies oder Steinschlag giebt. Am geeignetsten ist Moor- oder gute Gartenerde. An Felsen wachsende Farne möge man auf dem Beete zwischen Steinstücken anbringen. Alle wollen feucht gehalten werden, womöglich durch öfteres Ueberbrausen. Bei Schachtelhalmen muß durch zeitweiliges Abstechen verhütet werden, daß das kriechende Rhizom nicht das ganze Beet durchziehe. Wasserfarne gedeihen bestens in Wasserkübeln, deren Grund mit Erde gefüllt ist.

Bestimmungstabelle der Gattungen.

I. Früchte achselständig (in Blatt- oder Schuppenachseln sitzend); Fruchtstand meist zapfen- oder ährenförmig. II.
— auf den Adern der Rückseite eines Wedels häufchenartig gruppirt; oder an einem zum Fruchtstand umgewandelten Gipfwedel sitzend; oder wurzelständig. III.

II. Fruchtstand zapfenförmig, einen röhrig-hohlen, aufrechten, meist quirlästigen, blattlosen Halm (Schaft) krönend. **(Schachtelhalme.)** Equisetum.
— ährenförmig; oder die Früchte in den Blattachseln sitzend. Stengel kriechend aufsteigend, reich beblättert; oder zwiebelartig zusammengestaucht, schopfig beblättert. **(Bärlappe):**

1 Stengel zwiebelartig, schopfig beblättert, unter Wasser wachsend. Isoetes.
– kriechend-aufsteigend, ringsum reich beblättert. 2.

2. Fruchtkapseln alle nierenförmig; alle Sporen von einerlei Art. Stengel derb, steifblätterig. Lycopodium.
Die am Grunde der Fruchtähren befindlichen Fruchtkapseln nierenförmig, dagegen die am Gipfel der Fruchtähre befindlichen 3—4-knöpfig. Stengel moosartig, zart beblättert. Selaginella.

III. Unter Wasser festgewurzelt wachsende, oder auf dem Wasser wurzellos schwimmende Pflänzchen; ohne Wedelbildung. Früchte wurzelständige, kugelrundliche Kapseln **(Wurzelfrüchtler** oder **Wasserfarne):**

1. Fiederig beblättert. Auf Gewässern schwimmend. Salvinia.
Nicht gefiedert. Auf dem Wassergrunde fest gewurzelt. 2.
2. Blätter hochgestielt, viertheilig von kleeförmigem Aussehen. Marsilea.
— pfriemlich, von binsenförmigem Aussehen. Pilularia.

Landpflanzen; flache, aufrechte Wedel bildend **(Farne)**[1]:

A. Tabelle zum Bestimmen der Farngattungen nach augenfälligen Merkmalen.

1. Früchte gipfelständig, bilden eine freie gestielte braune Traube oder Aehre. Selten steril. (Unechte oder Gipfelfarne.) 2.
— auf der Unterseite oder am Rande der Wedelblättchen sitzend als braune Tüpfel oder Striche. (Echte oder Wedelfarne.) (Fig. 10.) 4.

Unechte oder Gipfelfarne:

2. Stengel mit mehreren einfach-gefiederten Wedeln; deren Fiedern zungenförmig, mit abgerundetem Grunde. Fruchtstand eine Rispe. Osmunda. 3.
— nur mit einem einzigen Blatt oder einzelnem Wedel besetzt. 3.
3. Stengel mit einem ei-lanzettlichen, ganzrandigen Blatt. Fruchtstand eine zweizeilige Aehre. (Fig. 8.) Ophioglossum. 1.
— — einfach-gefiedertem Wedel; dessen Fiedern schiefmondförmig, mit keilförmigem Grunde. Fruchtstand eine Rispe. (Fig. 9.) Botrychium. 2.

---

[1] Da die Farne nicht immer leicht nach den Früchten zu bestimmen sind, auf die allerdings der wesentliche Unterschied der Gattungen sich gründet, und da außerdem sich nicht jederzeit Früchte vorfinden: so seien im Folgenden zwei Tabellen zum Bestimmen der Gattungen geboten, damit deren Bestimmung sowohl nach den Früchten als auch nach der Wedelform vorgenommen werden könne.

Echte oder Wedelfarne.

4. Die Früchte in seltsamen (1—2 mm hohen, 1 mm breiten) Laubbechern umschlossen, welche über den Rand der Fiedern hinausragen, indem sie an deren frei hervortretenden Nervenspitzen sitzen. Das ganze nur wenige cm hohe Pflänzchen ist fast durchsichtig zart, mit linealen gabeltheiligen Fiedern. Ueberaus selten. (Fig. 11.) Hymenophyllum. 4.
— — auf der Unterseite der Fiedern. 5.
5. Wedel völlig einfach, höchstens mit gabelspaltiger Spitze; außerdem stets ganzrandig. 6.
— 1—3-fach gefiedert. 7.
6. Wedel einfach, mit herzförmigem Grunde, etwa 2 dm hoch, 2 cm breit. Scolopendrium. 11.
— meist gabelspaltig, allmälig in den Stiel verlaufend, kaum fingerhoch. (Fig. 17, a.) Asplenium septentrionale.
7. einfach-gefiedert; Fiederchen ganzrandig oder gekerbt oder gezähnt (aber weder bis 1/3 noch gar darüber gespalten noch irgendwie zertheilt). 8.
— doppelt oder dreifach-gefiedert. 12.
8. Fiedern mit breitem Grunde an der Wedelspindel angewachsen und meist an ihrem Grunde auch mit einander verbunden (der Wedel daher oft bloß fiederbuchtig). 9.
— mit keilförmig verschmälertem oder abgerundetem Grunde dem Stengel nur angeheftet, daher an ihrem Grunde auch völlig frei von einander. 11.
9. Unterseite des Wedels mit weißlichen, braunweißlichen, oder braunen Schüppchen fellartig dick überkleidet, Wedel stets nur fiederbuchtig. Ceterach. 12.
Unterseite des Wedels nackt, nur mit Fruchthäufchen. 10.
10. Wedel im Umriß auch abwärts lanzettlich, indem die Fiedern wie nach dessen Spitze so auch nach dessen Grunde allmählich ganz klein werden. (Die untersten Fiedern kaum einige mm lang.) Blechnum. 10.

— — — nach dem Grunde hin nicht lanzettlich, indem da die Fiederchen sich nicht völlig verkleinern (die untersten immer noch 1—4 cm und darüber lang)' Polypodium. 20.

11. Fiedern lineal, völlig ganzrandig. Sporenhaufen die ganze Unterseite (deren Ränder zusammengezogen und zurückgeschlagen sind) überfließend. Fruchtwedel von Struthiopteris. 9.

— kreis- oder eirundlich, oder keilförmig, oder lanzettlich; stets gezähnt oder gekerbt. Asplenium. 13.

---

12. Der ganze Wedelstiel und oft auch die Wedelspindel mit bräunlichen, trockenhäutigen Schüppchen, Schülferchen oder Härchen bekleidet, oder mit solchen zerstreut besetzt. 13.

Wedelstiel und Spindel völlig nackt; höchstens der Wedelstiel an seinem Grunde mit einigen Fasern oder zarten Schülferchen besetzt, aber er ist dann nicht über 1 mm dick. 16.

13. Wedel unterseits mit zottig-wolligem rostbraunem Filz dicklich überzogen. Notochlaena. 17.

— — nackt oder nur mit einzelnen Härchen oder Schüppchen. 14.

14. Nur 1—1,5 dm hoch. Fiederlappen gerundet, flach, ganzrandig. Laub und (der 1 mm dicke) Stiel abstehend-behaart. Selten. Woodsia. 5.

Nur 1—1,5 dm hoch. Fiederchen gekerbt, ihr völlig zurückgeschlagener Rand die Fruchthäufchen verdeckend. Nur auf den südlichen Alpen. Cheilanthes 18.

Viel höhere derbe Wedel, meist mit gezähnten oder gekerbten Fiederchen. Stiel über 1 mm (meist mehrere mm) dick. 15.

15. Fruchthäufchen kreis- oder nierenförmig. Aspidium. 15.

— eiförmig, Schleierchen gewimpert. Athyrium. 14.

16. Fiederchen mit durchaus nicht verschmälertem, oft sogar verbreitertem Grunde und abgerundeter Spitze (also etwa zungen- oder ziegelsteinförmig); außerdem fast oder völlig ganzrandig. 17.

— — keilförmig-verschmälertem Grunde, ihr Rand oder doch ihre Spitze gezähnt oder gelappt. 20.

17. Wedel im Umrisse dreieckig (deltaförmig) oder pfeilförmig, indem das unterste (oder das vorletzte) Fiederpaar am größten ist. 18.

— — — langgestreckt, meist elliptisch-lanzettlich, indem die unteren Fiederpaare kleiner werden. 19.

18. Mehrere dm bis 1 m hohe, staudenartige, 3-fach gefiederte, derbblätterige Farne; Stiel abwärts mehrere mm dick. Pteris. 8

— Stiel auch abwärts kaum 2 mm dick. Phegopteris. 21.

19. Wurzelstock derb und dick, ebenso der Stiel. Höhe 5—8 dm. Wedel derblaubig, gerade-aufrecht, stets unfruchtbar. Es sind die unfruchtbaren Exemplare von Struthiopteris 9.

— kaum über 2 mm dick, braunschwarz, etwas glänzend Höhe 2—5 dm. Wedel dünnlaubig. Aspidium Thelypteris.

20. Wedelstiel wenigstens am Grunde mit trockenhäutigen Spreuschüppchen Cystopteris.

— selbst am Grunde völlig nackt. 21.

21. Fruchtwedel von völlig anderem (scheinbar monströsem) Aussehen als die unfruchtbaren Wedel. (Fig. 20.) Allosurus. 16.

— und unfruchtbare Wedel von gleichem Aussehen. 22.

22. Fruchthäufchen mit zarthäutigem (weißlichem) Schleierchen. Asplenium. 13.

— ohne solches Schleierchen. 23.

23. Fruchthäufchen ganz nackt. (Fig. 21.) Gymnogramma. 19.

— randständig, von zurückgeknickten grünen (laubsubstanzigen) Kerbläppchen der Fiederchen selber überdeckt. (Fig. 14.) Adiantium. 7.

B. **Tabelle zum Bestimmen der wedelfrüchtigen Farngattungen nach der Beschaffenheit der Fruchthäufchen.**

1. Fruchtwedel von völlig anderem Aussehen als die unfruchtbaren Wedel. 2.
   Anm.: Die betreffenden Farne sind in durchaus auffälliger Weise schon dadurch charakterisirt, daß die ganz eigenthümlichen, fast aufrechten Fruchtwedel in der Mitte des Büschels stehen, also umgeben sind von den meist kürzeren unfruchtbaren Wedeln
   — den unfruchtbaren Wedeln völlig gleich. 6.
2. Fruchtwedel einfach gefiedert. 3.
   — 2—3-fach gefiedert. 4.
3. Auch die unfruchtbaren Wedel einfach gefiedert. Blechnum. 10.
   Unfruchtbare Wedel doppelt gefiedert (vom Aussehen eines Aspidium). Struthiopteris. 9.
4. Wedel 3—4-mal gefiedert. Fruchthäufchen vom zurückgeschlagenen Rande der Fiederchen anfangs ganz bedeckt. Sporen kleinwarzig. (Fig. 20.) Allosurus. 16.
   — nur doppelt gefiedert. Sporen glatt. 5.
5. Fruchthäufchen vom zurückgeschlagenen Rand der Fiederchen bedeckt. Wohlriechend. Cheilanthes. 18.
   — frei. Geruchlos. Gymnogramma. 19.
6. Unterseite der Wedel von rostbraunem Filze fellartig völlig überzogen, zwischen welchen die Fruchthäufchen verborgen sind. 7.
   — — — kahl, oder nur mit zerstreuten Härchen oder Schüppchen. 8.
7. Wedel einfach gefiedert. Ceterach. 12.
   -- doppelt gefiedert. Notochlaena. 17.
8. Fruchthäufchen völlig nackt, kreisrundlich. (Fig. 21, 22.) 9.

— mit einem weißlichen, zarten Schleierhäutchen überzogen. (Fig. 12—13, 15—19.) 10.

— von einzelnen zurückgeknickten Kerben oder Läppchen der Fiedern bedeckt. (Fig. 14.) Adiantum. 7.

9. Wedel einfach gefiedert, derbhäutig und immergrün. Fruchthäufchen 1—2 mm breit. Polypodium. 20.

— 4—3-fach gefiedert, verwelklich. Fruchthäufchen klein. Phegopteris. 21.

10. Fruchthäufchen frei vom Fiederrande, auf den Queradern der Fiederchen. 11.

— eine vom ganzen Fiederrande schmal umschlagene, ununterbrochene Saumlinie bildend. Höhe der ganzen Farne 0,5—1 m. Pteris. 8.

11. Tüpfelchen kreisrund oder nierenförmig 12.

— lineal (strichförmig). 13.

— oval. Athyrium. 14.

12. Schleierchen im Mittelpunkte eines jeden Tüpfelchens eingedrückt-befestigt, nierenförmig, Stiel über 2 mm dick; Laub robust. (Fig. 19.) Aspidium. 15.

— seitlich am untern Rande eines jeden Tüpfelchens angeheftet. Stiel kaum über 1 mm dick; Laub zart, verwelklich. (Fig. 13.) Cystopteris. 6.

— ebenso, aber kelchförmig und lang gefranset. Stiel kaum über 1 mm dick. (Fig. 12.) Woodsia. 5.

13. Wedel ungefiedert; Fruchthäufchen sehr groß (etwa 1—2 mm breit, 1—3 cm lang). Scolopendrium. 11.

— irgendwie gefiedert oder gegabelt; Fruchthäufchen viel kleiner. (Fig. 18.) Asplenium. 13.

I.

Schachtelhalme.

Equisetum, Schachtelhalm, Schafthalm.

1. Halm durchweg röthlich oder gelblich oder gebräunt, meist etwas saftreich, einen dicken einfachen (spargelartigen) Spross darstellend; stets mit einem Fruchtzapfen gekrönt. Halmscheiden bauchig gedunsen. Im Frühling (April). 2.
   — grün oder weiss (allenfalls am Grunde schwarzbraun), mit oder ohne grüne Quirläste. 5.
2. Halm weich und wässerig, einfach, noch im Frühling alsbald nach der Fruchtreife hinwelkend[1]). Scheidenzähne getrennt. 3.
   — härtlich, dauerhaft, nach der Fruchtreife sich weiter entwickelnd und bald ergrünend und grüne Wirteläste treibend[2]). Scheidenzähne mehr oder minder zusammengewachsen. 4.
3. Scheiden blassgrün, 20—30-zähnig. Fruchtzapfen etwa 4 cm lang gestielt. Fruchtende Frühlingshalme von E. Telmateja. Ehrh.
   — braun, trockenhäutig, 7-8-zähnig. Fruchtzapfen immer nur einige mm lang gestielt. Fruchtende Frühlingshalme von E. arvense L.
4. Scheiden grün, becherförmig, 10—15-zähnig. Fruchthalme von E. umbrosum Fr. M.

---

[1]) Nur diese im April erscheinenden eigenthümlichen Frühlingshalme tragen Fruchtzapfen; nach ihrem Absterben entwickeln sich aus demselben Wurzelstock ganz anders aussehende, mit grünen Quirlästen besetzte, stets aber unfruchtbare Sommerhalme.

[2]) Diese eigenthümlichen einfachen Frutchhalme ändern sich also wesentlich nach der Fruchtreife: sie ergrünen dann und treiben grüne Quirläste. Gleichzeitig mit ihnen entwickeln sich aus demselben Wurzelstock ganz anders aussehende (mit dem fortentwickelten Fruchthalme übereinstimmende) stets unfruchtbare Halme, welche von Anbeginn durchweg grün und reich mit Quirlästen besetzt sind.

Scheiden braun, bauchig-glockenförmig, 2—6-zähnig. Fruchthalme von E sylvaticum L.

5. Halm elfenbeinweiß, glatt, 6 dm — 1,5 m hoch, am Grunde über 1 cm dick, 6—8-kantig, jeder Wirtel mit 30—40 grünen schärflichen, 6-8-eckigen, anfangs fast wagerechten, später etwas herabhängenden sehr dünnen Aesten. (Ueber die Fruchthalme siehe Nr 2.) Es ist die größte und prächtigste Art; sie kommt aber nur stellenweise in Deutschland vor, stets jedoch massenhaft und als eine landschaftliche Zierde an quelligen Waldstellen, in der Nähe von Flüssen und Gräben, an wiesigen Abhängen; z. B. auf Rügen (am Seestrande hinter Saßnitz), in Pommern (bei Stettin), in der Mark, Westphalen, Sachsen, Lausitz. E. (eburneum Schreb., maximum Lamk.) Telmateja Ehrh.
— grün, selten so hoch und dick. 6.

6. Halme einfach (diese ohne Wirteläste) überaus hart und zäh, überwinternd; am Grunde meist mehrere solche einfache Halme büschelig vereint. Halmscheiden am Grunde mit breitem schwarzem oder dunkelbraunem Gürtel. Nicht häufig. 7.
— wirteläftig; oder einfach (etwa in der Jugend), aber dann zerbrechlich und die Halmscheiden ohne auffälligem schwarzen Güntel. 9.

7. Halm fast stets einfach und schlank (höchstens mit zerstreut vereinzelten, nie quirlig gehäuften, kurzen Aesten), 15—25-rippig; meist mehrere Halme aus derselben Wurzelstelle büschelig aufsteigend, 4 dcm — 1 m hoch. Halmscheiden kurz-walzenförmig, eng anschließend, flach gerippt, ihre (15—25) Zähne mit schmal-lanzettlichen, häutigen, leicht abbrechenden, aber auch rasch von selbst abfallenden Spitzen, so daß man die Scheiden meist nur mit stumpfen Kerben trifft. Fruchtzapfen fast ungestielt, endständig, klein, eiförmig. Die gegen die meergrünen Halme grell kontrastirenden schwarzen Scheiden machen diese charaktervolle Art sehr auffällig. Auf feuchtem Waldboden, gern versteckt unter Gesträuch an Gräben, Bach- und Flußrändern; nicht allzu häufig. Winterschachtelhalm. E. hiemale L.
— stets einfach, 7—11-rippig, die Zahnspitzen der Halmscheiden zart, aber bleibend. (Habituell dem E. hiemale ähnlich und von vielen Autoren auch nur als dessen Abarten beurtheilt.) 8.

8. Halm zierlich-schlank, meergrün, oft auch bräunlich oder gelblich, 5—9-rippig, kaum rauh; Scheiden sehr kurz, mit gewölbten Rippen und eingedrückter Rückenlinie, am Grunde schwarz, braun oder grün, mit tiefschwarzen, weißhäutig-gerandeten, zugespitzten

(5—9) Zähnen. An Fluß- und Teichufern, in schattigen nassen Wäldern, in Brüchen; besonders in Süddeutschland, am Rhein, in der Schweiz; auch am Harz bei Klausthal, in der Mittelmark bei Fehrbellin, Frankfurt a. O., bei Hamburg. Nirgends jedoch häufig. Bunter Sch. E. variegatum Schleicher.

Halme 7—11-rippig, hellgrün, kaum über 2 dm hoch, reichbüschelig gruppirt. Scheiden locker abstehend, die unteren völlig schwarz, die oberen nur am Saume, Zähne (7—20) schwarz, meist weißhäutig gerändert, warzig-scharf gekantet. An Flußufern; selten (im nördlichen und östlichen Deutschland ganz fehlend). E. trachyodon Alex. Braun.

Davon wird noch unterschieden: E. paleaceum Schleicher mit grünen oder braunschwarzen meist spreuigen Scheiden, deren häutige Zähne am Grunde gebräunt sind.

---

9. Halm anfangs einfach und schlank, bald aber Quirläste treibend, völlig glatt und glänzend, auch mit kaum fühlbaren (10—30) Rippen (welche indessen bei trockenen Exemplaren sehr stark hervortreten, sowie dann auch die Halmscheiden vom Halme lose zurücktreten), bis über 1 m hoch, mehrere mm bis 1 cm dick, sehr hohlweich, d. h. dünnwandig und daher mit den Fingern auffällig leicht einzudrücken; Halmscheiden kurz, dem Halm fest angedrückt, grün, mit (etwa 20) pfriemlichen, steifen, braunschwarzen, ungefurchten Zähnen. Aeste kurz oder (bis 8 cm) lang, 4—7-kantig, warzig-rauh. Fruchtzapfen gestielt (oft aber in der Gipfelscheide stecken bleibend), länglich-eiförmig, schwärzlich. Ueberall massenhaft in Gewässern, Teiche und Flußufer völlig durchstehend; aller Orten gemein. Als Futter für Pferde und Kühe trefflich zu verwenden. Schlamm- oder Wasserschafthalm. E. limosum L.

Eine an Abarten überaus reiche Species, variirend in Größe, Verästelung, Glätte, Zahl der Halmriefen und Scheidenzähne, aber in allen Formen doch durch den sehr glatten, auffällig hohl-weichen Halm alsbald unverkennbar, ebenso durch den Standort charakterisirt.

— mehr oder minder rauh; oder wenig rauh, dann aber hart. Halmscheiden nicht so sehr angedrückt und nicht so vielzähnig. 10.

10. Halm 2—7 cm hoch, glatt, 12—15-rippig, mit freudiggrünen, anmuthig herabhängenden reichen Doppel-Quirlästen (10—15 an jedem Quirl und Quirlchen); Halmscheiden bauchig gedunsen, fast glockig, sehr groß (1—2 cm lang), bis zur Mitte 2—5-spaltig. Aeste und Aestchen schärflich rauh: Aeste 4—5-kantig, Astscheiden 4—5-zähnig, bräunlich; Aestchen 3—4-kantig, mit

3—4-zähnigen Scheiden. (Ueber die Fruchthalme siehe Nr. 4.) Wohl die graziöseste Art, durch die doppelquirlichen zahlreichen zarten Aeste überaus auffällig (könnte höchstens mit doppelquirligen Abarten von E. arvense verwechselt werden, von dem es aber schon die Halmscheide sicherst unterscheidet.) Auf bruchigem oder lockerem Waldboden, an sumpfigen oder feuchten Orten, gern zwischen Gesträuch und Gestrüpp; nicht allzu häufig, aber doch in allen Gegenden vorhanden. Waldschachtelhalm E. sylvaticum L.

— Halm meist mit einfachen Aesten; sind sie doppelt gequirlt, so doch bei weitem nicht so zahlreich und trüber-grün. Halmscheiden nicht gedunsen, walzig oder becherig, kleiner. 11.

11\. Halm und Aeste schärflig warzig-rauh. Astscheiden 3- oder 6-zähnig. Ziemlich selten. 12.

— (abgesehen von den schärflichen Aesten) ziemlich glatt. Astscheiden 4- oder 5-zähnig (nur selten 3-zähnig). Gemein. 14.

12\. Halme meist 2—4 cm hoch, 10—15-riefig, härtlich und zähe, meist graugrün, zuweilen gebräunt oder weißgrün; Halmscheiden etwas becherförmig, grün, mit 10—15 lanzettlichen, breit-hautrandigen, stachelspitzen Zähnen. Aeste 3- (selten 4-)kantig, wagerecht, ruthig, wenig rauh; Astscheiden mit 3 Zähnen, welche weißhäutig gerandet, lanzettlich, stumpfgekielt sind. (Ueber die andersartigen Fruchthalme siehe Nr. 4.) In Wäldern, auf schattig-feuchten Grasplätzen; nicht häufig, stellenweise selten, aber oft ganze Wälder durchstehend (z. B. in Wäldern der Mittelelbe bei Aken.) E. (pratense Ehrh.) umbrosum Fr. M.

Eine zwar sehr charakteristische Art, welche aber doch vielfach übersehen worden ist und besonders von Anfängern verwechselt werden kann mit jugendlichen Exemplaren des E. sylvaticum (dessen Astscheiden aber 4—5-zähnig), und mit E arvense var nemorosum (dessen Astscheiden aber 4-zähnig), welche beide indessen auch schon durch den kaum rauhen Halm sich genugsam unterscheiden.

Astscheiden 6-zähnig. Sehr selten. 13.

13\. Halm hohl-weich (leicht einzudrücken). An sandigen Flußufern; sehr selten. (Gilt auch als Bastard von E. limosum und arvense). E. inundatum Lasch.

— hart, meist mit sehr langen Aesten, 2—6 dm hoch. Auf öden Sandplätzen (die 1—2 m hohe Abart ramosissimum zwischen Gestrüpp und Gesträuch klimmend); besonders in den Rheingegenden, in Tyrol, sehr selten, im nördl. und östl. Deutschland fehlend; die Abart ramosissimum noch seltener. E. (ramosum Schl.) elongatum Willd.

14. Halm hart, meistens graugrün oder gelblichgrün, entweder aufrecht oder liegend-aufsteigend, wenig oder kaum rauh, 2–6 dm hoch; Halmscheiden röhrig, anliegend, deren 10 braune Zähne weißhäutig gerandet. Wirteläste mehr oder minder zahlreich, aufrecht-abstehend einfach oder wiederum ästig, meist 4-kantig, schärflich-rauh; Astscheiden 3—4-zähnig (meist an ein und demselben Exemplare zugleich), die Zähne gekielt, am Grunde häutig verbunden, (Ueber die ganz andersartigen Fruchthalme [Frühlingshalme] siehe Nr. 2.) Auf feuchten Feldern und Wiesen und in lichten Wäldern besonders gern massenhaft auf Sandäckern; allerorten gemein. — Ein dem Landmann verdrießliches Unkraut, da der Wurzelstock bis viele Fuß tief reicht. Ackerschachtelhalm (Duwok, Kannenkraut, Scheuerkraut, Pferdeschwanz, Katzenwedel, Zinngras, wilder Spargel.) E. arvense L.

Eine an Formen sehr reiche Art, deren wichtigste folgende sind;

A. Die Normart:

a) simplex Sommerhalm einfach wirteläftig.

pyramidale regelmäßig-pyramidaler Bau, indem die Aeste abwärts am Halm sich gleichmäßig verlängern, meist gelbgrün. Besonders auf Aeckern häufig.

comosum Halm zur unteren Hälfte nackt (ohne Aeste), die obere Hälfte mit sehr langen, ziemlich gleichlangen Aesten. In Wäldern.

caespitosum Halme niederliegend, zu wirren Rasen gehäuft. Auf Aeckern.

b) duplex Sommerhalm doppelt-wirteläftig. Es wiederholen sich hier die Formen von simplex. Als häufige Waldform tritt var. nemorosum (der var. comosum entsprechend) auf, welches an der nackten unteren Halmhälfte und den fast gleichlangen, sehr verlängerten, ruthenförmig fast überhängenden Aesten sicher zu erkennen ist (von Anfängern aber oft mit E. sylvaticum verwechselt, welches jedoch viel zarter, dünn- und reichästiger ist und bauchig-gedunsene, 2—5-spaltige Halmscheiden hat).

B. campestre Halm hohl-weich, nur bis 2 dm hoch, meist einfach ästig, stets mit Fruchtzapfen (im Juni, Juli); Halmscheide nur 7—8-zähnig. An sandigen Fluß- und Bachufern; sehr selten. — Leicht für E palustre zu halten, von dem es aber schon die nur 4 Astscheidenzähne sicher unterscheiden; es ist wohl als Bastard- oder Uebergangsform dahin zu beurtheilen.

Halm etwas hohl-weich, fast brüchig und verwelklich, glatt, aber mit rauhen Furchen, grün oder graugrün, 6—10-rippig, 2—5 dm hoch, meist mit Fruchtzapfen. Halmscheiden anliegend, grünlich, oft aber geschwärzt oder schwarzbraun (so fast stets die unteren), 6—10-zähnig. Aeste meist einfach, aufrecht-abstehend, 5-kantig, etwas rauh; Astscheiden 5-zähnig. Fruchtzapfen gestielt (mehrere mm bis über 1 cm), schwärzlich, länglich. Auf feuchten oder nassen Wiesen, an Sümpfen, Bachufern; allerorten gemein. Fruchtzeit im Sommer. Sumpfschachtelhalm. E. palustre L.

Abart polystachum: auch die Wirteläste sind mit Fruchtzapfen gekront

II.

Bärlappgewächse.

1. Lycopodium L., Bärlapp.

Sehr derbe, starr elastische, meist langhin kriechende, beblätterte Stengel mit aufsteigenden oder aufrechten Aesten. An deren Spitzen in den Blattachseln befinden sich die gelben, etwa senfkorngroßen Sporenfrüchte; oder die Astgipfel treiben eine gestielte oder ungestielte gelbliche Aehre, an deren Schüppchen (Deckblättchen oder Brakteen) basilär angeheftet die Früchte sitzen[1]).

[1]) Da nicht immer Früchte vorhanden sind, sei nach folgender Tabelle die Bestimmung dieser Gattung auch bloß nach Beschaffenheit der Aeste und Blätter ermöglicht:

1. Blätter an den Aesten 4=zeilig, letztere daher 4=kantig oder plattgedrückt. 2.
   — — — — mehrzeilig, spiralig dicht geordnet; Aeste daher walzig gerundet. 5.
2. Blätter wagerecht=abstehend (wenigstens die seitenzeiligen), zart. Siehe Selaginella.
   — aufgerichtet=anliegend, sehr derb aber klein, schuppenartig mit herablaufendem Grunde. 3.
3. Blätter der unfruchtbaren Aeste sämmtlich von gleicher Form; letztere daher vierkantig. 4.
   — — — — verschieden: die seitenzeiligen größer, lanzettlich, mit weit herablaufendem Grunde und abgebogenen Spitzen; die Blätter der zwei anderen Zeilen pfriemlich, gerade, locker angedrückt. Daher die unfruchtbaren Aeste plattgedrückt=zweischneidig. L. complanatum L.
4. Auch die unfruchtbaren Aeste vierkantig. Aehren einzeln auf der Spitze der Aeste ungestielt sitzend. L. alpinum L.
   Die unfruchtbaren Aeste etwas zusammengedrückt. Aehren auf langen Stielen. L. Chamaecyparissus A. Br.
5. Stengel aufrecht, büschelig verzweigt. Blätter mit kurzer Stachelspitze. Aehren nicht vorhanden, sondern die Früchte sitzen in den Blattachseln der Stengelgipfel. L. Selago L.
   — langhin kriechend, und der Länge nach Wurzeln treibend am Boden haftend; Aeste liegend oder aufrecht. 6.

1. Stengel aufrecht oder aufsteigend, büschelig zertheilt, meist nur am Grunde wurzelnd, steif, finger- oder handhoch; Stengel und Aeste sind kaum unterschiedlich, alle gleich hoch, etwa 1 cm dick, dicht (8-reihig) beblättert. Blätter lineal-lanzettlich, ganzrandig oder scharf gezähnelt, stachelspitzig, mit gewölbtem, herablaufendem Grunde; alle von gleicher Form. Eine Fruchtähre ist durchaus nicht vorhanden, sondern gegen den Stengelgipfel entwickeln sich die Früchte in den Achseln der Blätter, welche sich auf keine Weise von den übrigen Blättern unterscheiden. — Besonders in Gebirgen, zumal im Hochgebirge hie und da zwischen Geröll und Haidekraut, in moosigen Vertiefungen, z. B. auf dem Brockengipfel, auf Höhen des Riesengebirges, aber auch im Flachlande stellenweise in Erlenbrüchen, sich daselbst gern am Grunde alter Baumstämme ansiedelnd; nirgends häufig. Teufelshand. L. Selago L.

Besondere gelbliche Fruchtähren entspringen aus den Astspitzen. Stengel kriechend, den Rücken entlang Wurzeln treibend. 2.

2. Fruchtähren völlig ungestielt sitzend. 3.

— lang gestielt. 5.

3. Stengel mehrere dm lang hinkriechend, büschelig ästig, die Aeste aufrecht, vielgabeltheilig verzweigt, gleichhoch, alle 4-kantig. Blätter 4-zeilig, gegenständig, lineal-lanzettlich, etwa 2 mm lang, zugespitzt, gekielt-hohl, aufrecht, sichelförmig eingebogen. Aehren 1—3 cm lang, ihre Deckblätter eiförmig, zugespitzt, kerbig oder zähnig ausgerandet. — Nur im Gebirge, besonders im Hochgebirge, an moosigen Felsen oder auf freien grasigen Plätzen, dichte Polster bildend. L. alpinum L.

Blätter mehrzeilig spiralig geordnet, daher Stengel und Aeste stielrundlich. 4.

4. Stengel kaum fingerlang, dicht dem Boden anliegend fest gewurzelt, wenig verzweigt, oft einfach; Aeste einfach (d. h. unverzweigt), die fruchtbaren aufrecht, an ihre Spitze mit 2 cm langer, etwas geschwollener Aehre. Dichte Beblätterung. Blätter aufrecht abstehend, etwa 6 mm lang, etwas eingekrümmt, lineal-priemlich, zugespitzt. Besonders im norddeutschen Flachlande vorkommend; nirgends gemein, obgleich an manchem Standort über weite Strecken

---

6. Blätter mit langer glasheller Haarspitze. Fruchtähren lang gestielt. L. clavatum L.

— nur zugespitzt. Fruchtähre ungestielt auf der Spitze der Aeste sitzend. 7.

7. Stengel mehrere dcm lang. Blätter scharf gespitzt, entfernt scharf gesägt. L. annotinum L.

— kaum über 1 dcm lang. Blätter gespitzt, ganzrandig. L. inundatum L.

verbreitet. Auf haideartigem Moorsandboden, am sandigen Rande von Sumpfwiesen und Torfmooren. L. inundatum L.

— mehrere dm bis armlang kriechend; Aeste aufrecht oder aufgekrümmt, einfach oder gegabelt, finger- bis handlang. Blätter bis 1 cm lang, wagerecht-abstehend, lineal-lanzettlich, zugespitzt, mit etwas verschmälertem Grunde, fein gesägt. — In Nadelwäldern besonders der Gebirge, ziemlich häufig. L. annotinum L.

5. Stengel viele dm lang umherkriechend; die unfruchtbaren Aeste kriechend oder aufsteigend umherschweifend, die fruchtbaren Aeste aufsteigend oder aufrecht. Blätter mehrzeilig spiralig geordnet, alle aufrecht-abstehend, etwas eingekrümmt, zuweilen einseitswendig; mehre mm bis 1 cm lang, lineal, mit langer flatteriger glasheller Haarspitze, ganzrandig oder gezähnt. Aehren meist paarweise oder auch doppel-paarig, lang und schlank; lang (0,2—1,5 cm) gestielt, der Stiel gefurcht, ziemlich dicht beblättert. — Im Gebirge gemein, aber auch im Flachlande überall zerstreut; besonders in moosigen Nadelwäldern, auf haideartigen oder triftartigen Plätzen. Schlangenmoos. L. clavatum L.

Blätter 4-zeilig gereihet, gegenständig, ohne Haarspitze. 6.

6. Blätter (wenigstens die seitlichen Reihen) wagerecht-abstehend. Zärtliche moosartige Pflänzchen. Siehe Selaginella.

— aufrecht-anliegend. Derbe, straffe, holzig-stengelige Pflanzen. 7.

7. Bis mehrere dm lang umherkriechender, nicht oder kaum wurzeltreibender robuster Stengel, büschelig-ästig; die vielverzweigten Aeste gleichhoch (bis 2 dm), aufsteigend oder aufrecht. Die fruchttragenden Aeste 4-kantig-gerundet, mehrreihig beblättert, ihre Blätter pfriemlich-lanzettlich, gekielt-hohl, angedrückt; dagegen die sterilen Aeste sind plattgedrückt-zweischneidig und errinnern an die Zweige von Thuja; nämlich ihre Blätter sind verschieden: die zwei seitlichen Reihen bestehen aus ei-lanzettlichen gekielt-hohlen, größeren, etwas abgebogenen, scharf gespitzten Blättern, die zwei äußeren Reihen bestehen aus pfriemlichen, flach angedrückten Blättchen. Die Breite der Aeste etwa 3 mm. Aehren zu 2—6, lang gestielt. — In Nadelwäldern besonders der Gebirge, nicht häufig. L. complanatum L.

Damit habituell übereinstimmend, aber auch die unfruchtbaren Aeste vierkantig, kaum etwas zusammengedrückt und mit gleichartigen und gleichgroßen pfriemlich-lanzettlichen Blättern besetzt. — Oft mit L. complanatum verwechselt, an ähnlichen Standorten, aber häufiger als jenes, nur als dessen Abart es beurtheilt werden dürfte. L. Chamaecyparissus A. Br.

2. Selaginella Spring., Moosfarn.

Moosartige zärtliche Pflänzchen, welche in den Alpen sowie stellenweise in mittel- und süddeutschen Gebirgen vorkommen, aber mit Vorliebe gärtnerisch in Töpfen gezogen überall die Blumentische und Aquarienränder verzieren; schöne grüne Polster bildend. Stengel kriechend, finger- bis handlang, mit aufsteigenden verzweigten Aesten, aus deren langen und locker beblätterten gelbgrünlichen Spitzen die dicklichen Fruchtähren kommen; deren gelblichblasse Deckblätter etwa doppelt so groß als die freudig grünen, zuweilen röthlich oder braun angeflogenen Blätter der Stengel und Aeste. Die Sporenfrüchte sind von zweierlei Form: die einen (als Antheridien) sind rundlich-nierenförmig, einfächerig und enthalten sehr kleine, zu vier zusammenhängende feinstachelige Sporen (Mikrosporen); die andern (als Oophoridien) sind 3- bis 4-knotig und enthalten je 3—4 größere Sporen (Makrosporen).

1. Stengel und Aeste locker beblättert; Blätter 4-zeilig, spiralig geordnet, allseitig abstehend, gleichartig, breit ei-lanzettlich, zugespitzt, entfernt aber scharf wimperig-gezähnt (die Zähne mit glasheller Pfriemenspitze). Aehren einzeln, ungestielt, dick, 2—8 cm lang, mit verdünnter Spitze; Sporen dreieckig-herzförmig, gelb, mit glashellen Stacheln besetzt — Auf moosigen oder kurzgrasigen Triften oder an bemoosten Felsblöcken des Hochgebirges; außer auch auf den Alpen hie und da auch im Breisgau, Riesengebirge (im Aupagrund), im mährischen Gesenke (am Petersteine sowie im großen Kessel), Erzgebirge (Fichtelberg), in Thüringen (bei Jena), im Harz, auch bei Hamburg. S. spinulosa A. Br.[1])

   Blätter 2- (4-)reihig, und zwar nur die zwei Seitenreihen wagerecht abstehend, die anderen kleiner und aufrecht plattanliegend; daher die Aeste etwas flachgedrückt. 2.

2. Seitliche Blätter eilänglich, sanft gewölbt, mit stumpfer Spitze, unter starker Lupe scharf gesägtem oder gezähneltem oder auch ganzem Rande; die anliegenden (oberen) Blätter etwas kleiner. Aehren gestielt, ihre Deckblätter kaum verändert; Sporen gelbbräunlich, glatt. — In den Alpen (aber nicht über 3000' hoch) häufig; hie und da auch auf süddeutschen Gebirgen (Vogesen). S. helvetica Sprengl.

   — — kreis-eiförmig mit herzförmigem Grunde, kurz gespitzt, scharf gezähnt; die anliegenden Blätter oval, lang zugespitzt, nur $1/2$—$1/3$ so groß. Aehren ungestielt; Sporen warzig-rauh. — Nur auf den Südabhängen der Alpen. S. denticulata L.

[1]) S. selaginoides Rabh., Lycopodium ciliatum Lam., L. selaginoides L.

3. Isoetes L. Brachsenkraut.

Untergetaucht wurzelnde Wassergewächse vom Aussehen derber kurzer Binsenbüschel. Zahlreiche büschelig vereinigte, steif-zerbrechliche, pfriemliche, etwa 3 cm bis 2 dm lange, dunkel- bis schwarzgrüne Blätter, welche innen 4-fächerig-hohl sind, an ihrem Grunde sich scheidig erweitern und daselbst zu einem zwiebelartigen Stamm (Rhizom) sich zusammen schließen, welcher mit sehr langen Wurzelfasern im Wassergrunde festgewachsen ist. In die Innenwand des scheidigen Blattgrundes eingedrückt sitzt als zarthäutige, länglich-rundliche Hülle die 3—4 mm lange und breite Sporenkapsel, welche abwärts von einem halbmondförmigen verschiebbaren Häutchen bedeckt ist. Die einen enthalten zahlreiche winzige länglich-eiförmige, glatte, zu 4 zusammenhängende Mikrosporen; die andern größere kugelig-eckige, 3-riesige Makrosporen. Unter Wasser auf dem Grunde von Seen und Bächen. Selten, aber wohl vielfach noch übersehen. In Schleswig und Holstein (Einfelder See), unweit Danzig im Espenkruger See, im Damm'schen See, bei Hamburg, Lauenburg, Ratzeburg, Hannover, im großen Teich des Riesengebirges, in Böhmen (Bistritzer See), in den Vogesen und im Breisgau (am Feldberg und Titisee). Fruktifizirt den ganzen Sommer hindurch. J. lacustris L.

Blätter 3—18 cm lang, freudig- oder gelblich-grün, allmählich lang und fein zugespitzt. Sporenkapsel bis 3 mm lang und breit, weißlich. Makrosporen weißlich mit spitzigen, oft 2—3-spitzigen, an den Spitzen oft etwas gekrümmten, meist dichten Stacheln besetzt. Standort wie bei voriger Art, oft mit ihr zusammen. J. echinospora Durien.

III.

Farne.

1. Ophioglossum L., Natterzunge.

Das ganze Pflänzchen 0,5—3 dm hoch; es besteht aus einem einfachen Stengel, welcher an seinem unteren Theile ein einziges, ungestieltes und ungetheiltes, ei-lanzettliches, großes Blatt trägt (etwa 5 cm lang, 2–3 cm breit) und abwärts mit einer mehrere cm lang gestielten Aehre (zuweilen zwei Aehren) abschließt. Diese Aehre ist kettenförmig oder breitgedrückt-cylinderig (1—5 cm lang, 2—3 mm breit), und zwar zweizeilig, indem ihre Achse mit zwei Reihen auffällig großer einfächeriger Sporenbüchsen besetzt ist, die mit einander verwachsen bleiben und bei der Reife jede querspaltig-aufspringen. — Wurzelstock kurz, knollig verdickt, schwarzbraun, mit dicken Wurzelfasern.

Im Flachland wie im Gebirge, auf sonnigen Wiesen, besonders Waldwiesen, an freien Hügeln und Berglehnen; sehr zerstreut und meist spärlich vorkommend, auch nicht ganz leicht zu finden, da die noch nicht fruchtenden Exemplare meist verkannt werden und, wenn zum Sommer ihre Fruchtähren sich entwickeln und reifen, das Wiesengras diese Pflänzchen häufig überragt. O. vulgatum L.

2. Botrychium Swartz., Mondraute.

Das ganze Pflänzchen 1—3 dm hoch; der Stengel einfach 2—4 cm dick, saftfleischig, an seinem Grunde mit braunen, trockenhäutigen, 1—2 cm langen Scheiden versehen, an seiner Mitte mit einem etwa 1 dm langen Fiederblatte besetzt, oberhalb dessen er sich stielig fortsetzt und mit einer doppelt-gefiederten Rispe gipfelt (diese etwa 3 cm lang, 2 cm breit). An den Fiederachsen dieser Rispe sitzen die etwa 1 mm kugeligen großen Fruchtbüchsen zweizeilig gereiht, sind nicht mit einander verwachsen, einfächerig, bei der Reife querspaltig-aufspringend. Im Gebirge wie nicht minder im Flachlande.

1. Stengelblatt stiellos an der Mitte des Stengels sitzend, einfachgefiedert, kahl, im Umrisse lang-oval, 2—6 cm lang; Fiedern nieren- oder halbmondförmig mit keilförmig-zusammengezogenem Grunde, daher wie kurz gestielt, etwa 1 cm breit und lang ganzrandig oder gekerbt oder kurz gelappt. — An grasigen Hügeln, lichten Waldplätzen, auf trockenen Wiesen, Friedhöfen u. s. w.; in wenigen Gegenden ganz fehlend, aber sehr zerstreut und daher selten. B. Lunaria Sw.

— ungetheilt oder handförmig 3-theilig, befindet sich unter der Stengelmitte, den Grund des Rispenschaftes nicht erreichend, daher scheinbar lang gestielt, oft gekerbt. — An sandigen, gebüschigen (Ufer-) Stellen. An gebüschigen sandigen Uferstellen der Swine bei Memel, bei Tilsit, auf dem Anger bei Driesen, bei Arnswalde, Schwiebus, Neudamm, Rostock, im mährischen Gesenke bei Nieder-Lindenwiese. B. simplex Hitsch.

Diese Art wird als Abart des vorigen beurtheilt.

— doppelt gefiedert. 2.

2. Stengelblatt lang gestielt, am Grunde des Stengels entspringend (daher dieser blattlos), oft weißlich behaart, im Umrisse deltaförmig, etwa bis 1 dm lang und breit, dreitheilig und zwar jeder der zwei untersten Fiederungsabschnitte etwa so groß als das ganze übrige obere Wedelstück, etwa wie die Wedel von Polypodium Dryopteris. Fiederchen dritter Ordnung ei-lanzettlich, stumpf zugespitzt, mit zusammengezogenem Grunde unregelmäßig gekerbt. — Auf kurzrasigen Sandplätzen, dürftigen Wiesen, steinigten Berglehnen, gern in der Nähe alter Nadelhölzer; im Gebirge sowie im Flachlande, aber sehr zerstreut und daher eine Seltenheit. B. matricariae Spr. (B. matricarioides Willd., B. rutaefolium A. Br., B. Breynii Fr).

— ungestielt-sitzend über der Stengelmitte, die zwei untersten Fiederungs-Abschnitte etwa so groß als die aufwärts folgenden. Fiedern eiförmig oder länglich, eingeschnitten-fiederlappig, diese Fiederlappen wiederum gelappt oder gekerbt. Auf trockenen Wiesen und Triften, sehr selten. B. (lantaceum Willd.) matricariaefolium A. Br.

3. Osmunda L., Königsfarn.

Stengel staudenartig, holzig, an dürftigen Orten 3—6 dm, an günstigen Orten oft 1—2 m hoch, mit mehreren Wedeln besetzt, welche gegenständig sind, nach dem Stengelgrunde hin größer, aufwärts kleiner werden und nach der Stengelspitze hin sich in ganz anders beschaffene Fruchtfiedern verwandeln, die durchaus nicht mehr blätteriges Aussehen haben, sondern einen braunen großen Fruchtstrauß darstellen. Die Wedel sind im Umrisse länglich-eiförmig, stumpf zugespitzt, bis mehre dm lang, etwa 1—2 dm breit; Fiedern länglich mit geöhrtem Grunde, stumpfer Spitze, 2—4 cm lang, etwa 1 cm breit, mit zusammengezogenem Grunde sitzend. Fruchtstrauß 1—3 dm lang, etwa 1 dm breit, doppolt-gefiedert zusammengesetzt, aber scheinbar einen rispenartigen Fruchtstand bildend; Büchsen kugelrund, mit undeutlichem Ringe, netzaderig, endlich quer-aufspringend, zu kleinen Knäueln gehäuft die Spindel dicht besetzend.

Meist truppartige, überaus stattliche Büsche. In torfig-moorigen Haiden, Erlenbrüchen, sumpfigen Gräben, moorerdigen Wäldern; im Gebirge sowie im Flachlande zerstreut vorkommend. O. regalis L.

4. Hymenophyllium Gm., Hautfarn.

Noch nicht fingerhohe, äußerst zarte, fast durchscheinende Pflänzchen. Wedel doppelt gefiedert; die Fiedern meist gabelspaltig, diese Gabellappen der Fiederchen sind (wie bei keinen andern Faren) völlig lineal, 0,4—1 cm lang und 2—3 mm breit, mit abgestutzter Spitze von ihrem Grunde auf stachelspitzig fein gezähnt. Wedelspindel häutig geflügelt. Die Früchte in linsenförmigen, am Grunde keulig-verdickten Büchsen, welche meist an den Fiederspitzen sitzen. — Ueberaus selten, an feuchten Felswänden; in Luxemburg an einigen Stellen; im Uttewalder Grunde in der sächs. Schweiz, vordem reichlich, jetzt scheinbar nicht mehr vorhanden. H. tunbridgense Sm.

5. Woodsia R. Brown, Woodsie.

Kleine wenig über fingerhohe (0,5—1,5 dm), in büscheligen Rasen wachsende, kurz und dünn gestielte zarte Wedel von ei- oder lineal-lanzettlichem Umriß; die Fiedern etwas entfernt, fiederlappig tief eingeschnitten. Stiel, Spindel und Laub charakteristisch behaart, nämlich auf beiden Seiten, besonders aber auf den Adern der Unterseite mit kleinen borstenartigen Haaren und Fasern besetzt, zwischen denen die Fruchthäufchen oft fast versteckt sind. Der Stiel und die Spindel ebenfalls spreuschuppig und behaart. Fruchthäufchen tüpfelig, auf den Queradern; Schleierchen äußerst eigenthümlich, nämlich seitlich unter den Fruchttüpfeln angewachsen, denselben scheinbar untergebreitet, sehr bald fast bis auf den Grund wimperig-zertheilt, so daß es einem Wimperkranze gleicht (ohne Lupe kaum von den Laubhaaren zu unterscheiden). Sporen ei-rund, gelbbraun, warzig-rauh.

Fiedern, wenigstens die mittleren, doppelt so lang als breit, ei-lanzettlich, stumpf zugespitzt; die Fiederchen ei-rundlich abgerundet, ganzrandig. Höhe bis 1,5 dm, Breite 2—3 cm. — In vielen deutschen Gebirgen: im Harz (im Bode- und Ockerthal), Thüringen, am Burghasunger Berg bei Kassel, Rhöngebirge, Schlesien (Weistritzthal), Lausitzer Gebirge; besonders aber in den Alpen, in Felsritzen besonders des Kalkgestein; nirgends häufig. W. ilvense Br. — nur so lang als breit, abgerundet-deltaförmig; die Fiederchen wie bei voriger, aber weniger tief fiederspaltig. Sporen dunkler (gelbbraun) und warziger. Höhe kaum wie bei voriger, Breite 1—1,5 cm. Sehr zerstreut, auf den Alpen, außerdem im Riesengebirge (am Basalt der kleinen Schneegrube) und dem Kessel des mährischen Gesenkes. (Polypodium arvonicum With.) (Polypodium h. Sw.) W. hyperborea R. Br.

6. Cystopteris Bernh. Blasenfarn.

Hellgrüne, mehr oder minder reichliche, etwa 2—4 dm hohe Büschel auffällig zarter und gebrechlicher Wedel, welche von dreieckiger oder lanzettlicher Form, doppelt oder dreifach gefiedert sind und einen etwas glänzenden, glatten, nur am Grunde mit schwächlichen Schüppchen besetzten Stiel haben, der bei vollkommenen Exemplaren etwa so lang als der Wedel ist. Fruchthäufchen kreisrundlich, klein, meist entfernt gestellt (nie zusammenfließend), auf den Queradern sitzend. Besonders gern in Felsritzen, aber auch an Hohlwegen und schattigen Waldplätzen der Gebirge.

1. Wedel von lanzettlichem Umrisse, 1—2 dm lang (ebenso lang oder kürzer der Wedelstiel), an breitester Stelle etwa 5 cm breit, doppelt gefiedert, das zweit- oder dritt- unterste Fiederpaar ist das längste, das unterste auffällig kürzer; die Fiedern sind etwas entfernt gestellt, wodurch der Wedel ein besonders zartes Aussehen erhält. Die Fiederchen lanzett- oder ei-förmig, meist etwas zugespitzt, mehr oder minder tief eingeschnitten-gezähnt oder -gelappt (doch kaum bis über die Mitte, so daß man sie nicht wiederum gefiedert nennen kann); diese Läppchen an den untersten Fiedern oft noch zähnig eingeschnitten. — In allen deutschen Gebirgen; ganz besonders in Spalten und Ritzen der Felsen, an schattigem Gemäuer, gern auch zwischen Gestein an Hohlwegen und waldigen Abhängen; überall häufig, stellenweise das vorherrschende Farrenkraut, und nicht selten ausgedehnte Strecken allein beherrschend. Es erscheint sehr früh im Jahre hat schon im Mai Fruchthäufchen, welche im Juni reifen; gleich dem Wedel erneuen sie sich aber auch das ganze übrige Jahr über, so daß man diesen Faren selten ohne instruktive Früchte findet,

bis der Winter es vernichtet. Bruch-Blasenfarn. C. fragilis Bernh.

— dreifach gefiedert; außerdem ist das unterste Fiederpaar weitaus am längsten, oder es ist doch kaum kürzer als das zweit- oder drittletzte. 2.

2. Wedel an Umriß, Größe und Zartheit dem vorigen sehr ähnlich; lang gestielt, sehr entfernt gefiedert. Fiedern meist etwas bogig aufgerichtet, gegenständig. Fiederchen oval, stumpf, fast oder völlig bis zum Grunde gespalten, so daß der Wedel zweifellos als dreifach gefiedert beurtheilt werden muß, wie es bei dem vorigen nie in solchem Maße der Fall ist. Diese Fiederchen dritter Ordnung mit 2—3 scharfen, gegen einander geneigten Endzähnen. Fruchthäufchen entfernt, so daß sie nie zusammenfließen. Alle diese Merkmale vermögen indessen zuweilen nicht die völlige Sicherheit der Unterscheidung von C. fragilis zu geben, als nur dessen Varietät es daher viele Autoren beurtheilen; doch einen wesentlichen Charakter haben die Sporen, welche bei C. fragilis schon bei geringer (schon bei hundertfacher) mikroskopischer Vergrößerung sich stachelwarzig besetzt zeigen, während sie bei unserer Art selbst bei 300-maliger Vergrößerung noch kaum warzig verunebnet erscheinen. In höheren Gebirgsgegenden besonders des südlichen Deutschlands sowie in den Alpen, nicht häufig. Alpen-Blasenfarn. (C. regia Prsl.) C. alpina Link.

— dreieckig (oft fast gleichseitig-dreieckig, 0,8—2 dm lang und breit), insofern die Fiedern von der Spitze des Wedels abwärts stetig an Größe zunehmen, und das unterste Fiederpaar weitaus das längste ist; Stiel meist noch länger als der Wedel, sprießt aus einem kriechenden Wurzelstock. Fiedern wechselständig (während sie bei beiden vorigen gegenüberstehend sind), entfernt gestellt, länglich-dreieckig, zugespitzt. Fiederchen tief bis oder fast bis auf den Grund fiederspaltig, mit stumpfen, oft sichelförmig aufgebogenen und zuweilen ausgerändert-zweizähnigen Läppchen (Fiedern dritter Ordnung). Fruchthäufchen zahlreich, nicht zusammenfließend; Sporen stachelwarzig. Auf deutschen Hochgebirgen (Sudeten, mährisches Gesenke) und in den Alpen, ziemlich selten. Berg-Blasenfarn. C. montana Link.

Anm. C. sudetica A. Br. et milde ist die in den Sudeten C. montana vertretende Art.

7. Adiantum L., Frauenhaar.

Glänzend roth- oder schwarzbraune Stiele sprießen zahlreich aus einem horizontal-kriechenden Wurzelstock und bilden etwa von ihrer Mitte an die schlanke Wedelspindel. Wedel doppelt gefiedert. Die Fiedern langgestielt und sehr entfernt gestellt, wechselständig; dasselbe gilt von den (etwa 1 cm langen und breiten) Fiederchen, welche von breiter Fächer- oder Keilform und an ihrer bogig gerundeten Spitze entweder gekerbt oder (2—5-fach) lappig eingeschnitten sind. Bei fruchtenden Exemplaren klappen sich diese Kerben oder Lappen oder Fiederchen über die (randständigen) Fruchthäufchen und bedecken so sie anfangs völlig. Ein äußerst graziöser Farn von etwa 3 dm Höhe und über 1 dm Breite. — Auf den südlichen Alpen und im Jura und da ziemlich verbreitet an schattigen Felsen und Mauern, besonders gern an überrieseltem Geröll. A. Capillus Veneris L.

8. Pteris L., Adlerfarn, Saumfarn.

Aus einem kriechenden, verzweigten, bis über 1 cm dicken, braunschwarzen holzigen Wurzelstock erheben sich staudenartig die Stengel zu 0,5—2 m Höhe. Diese sind mit mehreren gegenständigen, großen, doppelt bis dreifach gefiederten derben Wedeln besetzt, deren Zahl durch die Ueppigkeit des Stengels bestimmt wird. Die Fiederpaare nach dem Grunde des Wedels hin meist etwas kleiner werdend, ihre Fiederchen nach dem Fiedergrunde hin stets größer werdend; die Fiederchen nicht bis auf den Grund getrennt, sondern an ihrem Grunde zusammenhängend, dreieckig oder zungenförmig, stumpf zugespitzt. Fruchthäufchen am Saum der Fiederchen als unterbrochene Saumlinie entlang (wie es nur noch bei Blechnum der Fall ist, wo aber doch der Rand selbst frei bleibt und die Fruchthäufchen ziemlich zwischen Rippe und Saum ununterbrochen-linear laufen); nicht immer, ja stellenweise selten fruchtende Wedel vorhanden. Ueberall im Flachlande wie im Gebirge, in lichten wie es in schattigen Wäldern besonders mit moorigem Boden, oft ganze Waldstellen trupp- oder herdenartig durchstehend; gemein. — Der volksthümliche Name „Adlerfarn" beruht darauf, daß bei einem schrägen Schnitt durch die Breitseite des Stengels die Schnittfläche das ungefähre Bild eines braunen Doppeladler zeigt, welches auf einer eigenthümlichen Anordnung der den Stengel durchziehenden Gefäße beruht. P. aquilina L.

Eine auffällige Varietät dieses in Bezug auf Größe, Form und Bekleidung (bald nackt, bald fein behaart) je nach dem sonnigen oder schattigen, feuchten oder trockenen Standort überhaupt sehr abartender Farn, ist var. brevipes: niedriger Stengel, die letzten Fiedern mit geöhrtem Grunde, Fiederchen fast abgerundet-eiförmig; seltner und stets unfruchtbar.

9. Struthiopteris Wild., Straußfarn.

Unfruchtbare und fruchtende Wedel völlig verschieden in Größe (jene 5—8 dm, diese kaum 2—3 dm hoch) und Form (jene doppelt-, diese einfach-gefiedert), und zwar stehen die unfruchtbaren Wedel zu trichterförmigen Büschen zusammen, in deren Mitte die Fruchtwedel. Unfruchtbare Wedel im Umrisse eilanzettlich (2—3 dm breit), mit ziemlich dicht gestellten, abwärts verkleinerten Fiedern; Fiedern lineal-lanzettlich, etwa 1 dm lang; Fiedern breit-zungenförmig, ganzrandig oder fein gekerbt, mit zusammenfließendem Grunde. Fruchtwedel braun, dick, mit ziemlich dicht gestellten, etwa 2—5 cm langen und 2—4 mm breiten, linealförmigen, stumpfen Fiedern, welche indessen nicht flach, sondern fast walzenförmig sind, indem ihre Ränder sich über die Fruchthäufchen (als deren äußerer Schleier) zurückrollen; es erscheinen diese Fiedern auch wie gegliedert-eingeschnürt gemäß den mehr oder weniger tüpfelig-geschiedenen Fruchthäufchen (deren noch besondere Schleierchen an den Fiederrippen befestigt sind). In Thälern und Schluchten, an schattigen steinigten Gebirgsbächen, auch auf feuchten Moorwiesen; nirgends häufig, besonders vorhanden in Schlesien, Oberlausitz, Harz, Thüringen, im Wesergebirge bei Münden (im Steinbachthale, sowie reichlichst auf dem Gahrenberge), Mark Brandenburg; in manchen Gebieten gänzlich fehlend. (Onoclea Struthiopteris Hoffm.) St. germanica Willd.

10. Blechnum L., Rippenfarn.

Wedel lineal-lanzettlich, nach der Spitze wie nach dem Grunde hin gleichmäßig verschmälert und zugespitzt, lederartig, glatt, kräftiggrün, einfach gefiedert (oder vielmehr fiederspaltig, indem die Fiedern an ihrem Grunde etwas verbreitert häufig miteinander zusammenhängen). Fiedern stets ganzrandig und zugespitzt; die der unfruchtbaren Wedel sind breit-lineal-lanzettlich und flachrandig, die der fruchtbaren Wedel mit eingekrümmtem Rande und außerdem weit schmäler. Stiel kurz, mit rinniger Vorderseite, nackt, aber am Grunde mit Spreuschuppen besetzt, die vor allem den dicken Wurzelstock, der mit starken und vielen Wurzelfasern besetzt ist, dicht umkleiden. Höhe 1—5 dm, Breite 2—4 cm. Fruchthäufchen die Fiederränder als ununterbrochene Linie säumend, also der Fiederrippe parallel; Schleier am Fiederrande befestigt, als weiße Saumhaut die Fruchtlinie überdeckend. — Die edel geformten Wedel, welche bei ihrer lederartigen Härte auch den Winter leidlich überdauern, stehen meist zu kräftigen, malerischen Büscheln vereinigt zusammen; ziemlich häufig in Gebirgen, auch nicht allzu selten im Flachlande, reichlich an feuchten Waldrändern und Hohlwegen, in der Ebene besonders gern in der Nähe von Torfmooren. Bl. Spicant Roth. (B. boreale Sw.)

11. Scolopendrium Smith., Hirschzunge.

Die Wedel sind meist völlig unzertheilt und ganzrandig, lanzettlich-zungenförmig, etwa 2—4 dm lang, 2—5 cm breit, mit herzförmigem Grunde, lederartig, glänzend grün, mit röthlicher oder gebräunter Mittelrippe; die Queradern der Unterseite laufen parallel, sind gegabelt, nach dem Rande hin keulig verdickt und auf der Oberseite des Wedels am Rande hin als kurze gelbe Strichelchen durchscheinend. Stiel derb und dick, etwas breit gedrückt, etwa 1 dm lang, mit braunen Spreuschuppen grob bekleidet. Fruchthäufchen sehr groß, lineal, etwa 1—3 cm lang, je 2 einander genähert, diese später zusammenfließend, mit den Queradern parallel laufend; ihr Schleier ist am oberen und am unteren Rande befestigt, anfangs über den Fruchthäufchen sich berührend und deckend, schlägt sich später auf beiden Rändern zurück und die Fruchthäufchen erscheinen schließlich als nackt. — Im südlichen und westlichen Deutschland ziemlich häufig, zu 2—4 dm hohen Büscheln in schattigen Kalkfels- und Mauerritzen. In Süddeutschland, besonders am Rhein (bei St. Goar) nicht allzuselten; in Mittel- und besonders in Norddeutschland sehr selten, aber wenigstens doch vorhanden, z. B. im Harz, Thüringen, Westfalen. Wird in Gärten reichlich kultivirt. Sc. officinarum Sw. (Sc. vulgare Sm.)

Besonders in Gärten trifft man die mannigfachsten, auf abweichender Form des Wedels beruhenden Spielarten:

a) cripsum mit wellig-krausem Wedelrande.
b) polyschides mit lappig ausgeschnittenem Rande.
c) multifidum (ramosum) eine monströse Form mit gabelig zertheilter Wedelspitze, die Gabelspitzen wiederum mehr oder minder tief (und oft so wiederholt) gegabelt.
d) laceratum eine monströse Zwergform, der Wedel fast so breit als lang und mehrfach tief und unregelmäßig gelappt und gekräuselt.

12. Ceterach Willd., Krullfarn.

Wedel dickhäutig, fast bis zum Stielgrund einfach gefiedert, mit breit-zungenförmigen ganzrandigen Fiedern, welche an ihrem Grunde meist zusammenfließen; Unterseite pelzig, nämlich mit dichtgelagerten lanzettlichen bräunlichen Streuschüppchen besetzt, welche bis einige mm lang sind und die linearen Fruchthäufchen, die auf den Queradern oder Gabeladern sitzen, überhüllen. Höhe meist fingerhoch (0,4—1,5 dm). — Nicht häufig und nur in manchen Gegenden; Harz, Thüringen, am Biesstein unweit des Meißner in der Provinz Hessen, in den rheinischen Gebirgen und dem Moselthale (besonders reichlich bei Moselkern), im Jura und den Alpen; zu Büscheln gruppirt, in Mauer- und Felsritzen. C. officinarum Willd

1. Asplenium L., Streifenfarn.

Die habituell verschiedensten Farne gehören zu dieser Gattung, sind aber deutlich genug als zusammengehörig alle charakterisirt durch die länglichen oder linealen Fruchthäufchen, deren zartes Schleierchen an ihrem seitlichen Grunde befestigt ist; dieselben sitzen an der Seite der Queradern und richten sich in spitzem Winkel zur Mittelrippe hin. Zum Theil kleine, aber derbe, meist überwinternde Farne; auf Waldgrund, an Bächen, in Fels- und Mauerritzen. Mehrere Arten sehr häufig oder gemein.

1. Wedel einfach-gefiedert (Fiedern höchstens etwas gekerbt); oder nur mehr oder minder (3—7-zählig) gabelig verzweigt. 2.
   — doppelt oder dreifach-gefiedert. 5.
2. Fiedern meist ei-rundlich, mit breit-keilförmig abgestutztem Grunde, Mittelrippe (nebst Queradern) deutlich vorhanden. Wedel sehr regulär gefiedert, die untern Fiederpaare abwärts immer kleiner werdend. 3
   — lanzettlich oder keilförmig, oft etwas gespalten, mit stets schmalkeilförmig zulaufendem Grunde, entfernt wechselstandig. Mittelrippe fehlt, die Adern daher fächerig-strahlend. Die untern Fiedern (etwa von der Wedelmitte an) abwärts größer werdend, so daß das unterste Fiederpaar oder die unterste Gabelung am größten ist. 4.
   Anm.: Wedel gar nicht gefiedert, sondern nur gabelig gespalten oder gabelig verzweigt. Mittelrippe fehlt, daher die Adern fächerig-strahlend. Desgl. 4.
3. Grüne, meist dunkelgrüne, aus mehreren oder vielen schlanken lineal-lanzettlichen Wedeln zusammengesetzte, überaus zierliche anmuthige Büschel, 1—3 cm hoch. Fiedern ei-rundlich, stumpf, mehr oder minder gekerbt, die mittleren etwa 1 cm lang und fast ebenso breit oder etwas schmäler, sitzend, (ungestielt), ziemlich dicht gereiht an der gleich dem Stiel durchweg roth- oder dunkelbraunen, fast schwarzen, wie polirt glänzenden, oberseits rinnigen Wedelspindel, welche mit schmalem (haarschmalem) trockenhäutigem blassem Rande geflügelt ist. — In Fels-

und Mauerritzen, besonders in allen Gebirgen überaus häufig. Rothes Frauenhaar, rother Widerthon. A. Trichomanes Huds.

Büschel 3 cm bis wenig über 1 dm hoch. Fiedern fast breiter als lang, kurz gestielt. Wedelspindel durchaus nicht geflügelt. grün; Stiel bis zur Mitte rothbraun. Besonders an Kalkfelsen; in fast allen deutschen Gebirgen, aber nirgends sehr häufig. A. viride Huds.

Fiedern breit-dreieckig, scharf zugespitzt, durchweg sägezähnig. Siehe Aspl. fontanum.

4. Unscheinbare, graugrüne Wedel mit purpurbraunem Stielgrunde, ohne jegliche Fiederung; sie sind von schmaler, abwärts fast fädiger Gestalt, aufwärts sich allmählich lanzettlich oder keilförmig verbreiternd, oder vielmehr in den meisten Fällen sich an der Spitze in zwei oder drei aufrechte lanzettliche Zipfel oder Lappenzweige gabelnd, welche meist wiederum 3-zähnig gespalten sind. Höhe der Wedel sammt Stiel etwa 1 dm; Breite der Lappen etwa 2—6 mm. Fruchthäufchen lineal, zur Seite der fächerförmig strahlenden Adern, aber bald völlig zusammenfließend, so daß sie die ganze Lappenunterseite einförmig überziehen. Unansehnliche, aus zahlreichen meist zugleich aus dürren vorjährigen und frischen diesjährigen Wedeln zusammengesetzte Büschel, welche mit ihren faserigen Wurzeln in den Ritzen und Spalten sonniger Felsen (seltener in Mauern) so tief eingeklemmt sind, daß man sie kaum unversehrt mit der Wurzel erlangt. — In Gebirgen überall häufig (sehr selten im Flachlande). Diese Art hat kaum das Aussehen eines Farn, so daß Anfänger sie kaum für einen solchen halten möchten und gern geneigt sind, sie für eine absonderliche andere gefäßkryptogame Pflanze zu beurtheilen. Nordfarn. A. septentrionale S. w.

In Größe und zum Theil in der Tracht dem vorigen nicht unähnlich; etwa bis zur Mitte blattlos, glänzend braun, weitläufig gefiedert. Fiedern wechselständig, aufrecht, länglich-keilförmig (1—2 cm lang, mehrere mm bis 1 cm breit) oder länglich-eirund, 1—2 mm lang gestielt, die oberen gezähnt, die unteren (als die größesten) meist 3-lappig gespalten. Fruchthäufchen wie bei vorigem. In schattig-feuchten Felsspalten, besonders an Thonschiefer, durchaus nicht häufig, in den östlichen deutschen Gebirgen (von der Lausitz ab) fehlend. A. germanicum Weiss.

Anm.: Dieser Farn gilt als Bastard von A. septentrionale und A. Ruta muraria.

5. Wedel im Umrisse mehr oder minder dreieckig, indem das unterste Fiederpaar (der unterste Hauptabschnitt des Wedels) das größeste ist. 6.

— — — lanzettlich, indem die untern Fiederpaare (etwa von der Mitte des Wedels nach abwärts) allmählich kleiner werden. 8.

6. Wedel glanzlos, entfernt fiederig oder kaum fiederig zusammengesetzt und dunkelgrün; der etwa 2/3 bis 1/2 blattlose grüne und nur am Grunde glänzend braune Stiel bildet in seiner Fortsetzung als Wedelspindel keine so geradlinige Achse wie bei den übrigen Faren, sondern ist wellig verbogen und der ganze Wedel scheint vielmehr als eine meist dreizählige Verzweigung sich beurtheilen zu lassen. Die Fiederung (oder Verzweigung) tritt sehr verschiedentlich auf: es sind etwa zwei oder drei wechselständige Fiedern vorhanden, welche jede dreizählig-getheilt oder gespalten sind, und darüber stehen zwei oder drei einfache Fiederlappen; meist kann man daher den Wedel dreifach-dreizählig-zusammengesetzt nennen. Die Fiederchen sind rautenförmig (kaum 1 cm lang und breit), verschmälern sich stets an ihrem Grunde keilförmig und die untersten Fiedern und Fiederchen sind meist auffällig gestielt; an ihren Spitzen sind sie breit abgestutzt oder abgerundet oder zugespitzt, kerbig-gezähnt; sie haben eine höchstens ganz undeutliche Mittelrippe, und die Adern sind daher fächelig-strahlend. Fruchthäufchen mit wimperig zerschlitztem Schleierchen. Höhe des ganzen Pflänzchens 3—10 cm. — In Gebirgen und ganz besonders im Flachlande überaus häufig: in Mauer- und Steinritzen, an Ruinen, alten Kirchen, Brücken- und Friedhofsmauern u. s. w.; büschelig oder reihig gruppirt. Mauerraute A. Ruta muraria L.

Wedel etwas glänzend, dicht- und regelmäßig-gefiedert, auch die unteren Fiedern und Fiederchen völlig ungestielt; Stiel glänzend kastanien- oder dunkelbraun. Fruchthäufchen mit ganzrandigem Schleierchen. 7.

7. Wedel doppelt- bis dreifach-gefiedert, zugespitzt, grün, mit glänzend kastanienbraunem Stiele, welcher meist länger als die Wedelspindel ist. Fiedern ei-lanzettlich, zugespitzt, mehrere cm lang; Fiederchen zugespitzt, fiederspaltig, mit gestreckten spitzen Zähnen. Höhe des ganzen Pflänzchens 1—2 dm (ja bis 4 dm) lang. — Im südl. und westl. Deutschland durchaus nicht selten, im nördl. sehr vereinzelt (Thüringen, Harz, Potsdam, Lausitz, Böhmen). Aufrechte, anmuthige Büschel an schattigen Felsen, altem Gemäuer oder an schattigen Abhängen. Schwarzes Frauenhaar. A. Adiantum nigrum L.

Die Varietät serpentinum hat kleinere und entfernter gestellte, stumpfere Fiederchen, deren unterste sehr tief gelappt sind; mit grüner, oft silbergrauer Spindel. Selten, aber die Normalform hie und da ausschließlich vertretend.

— dem vorigen ähnlich, aber dunkel-, fast blaugrün, Unterseite mit silbergrauem Schimmer. Fiedern und Fiederchen allmählich und scharf zugespitzt. Fiederchen dritter Ordnung lineal-lanzettlich, scharf gesägt und lang zugespitzt. Höhe 2—6 dm. Nur in den Alpen, doch auch da ziemlich selten, erst im südlichen Europa häufig; zwischen Gesträuch. A. acutum Bory.

8. Fiederchen mit abstehenden, fast sparrig-abstehenden, eckig-scharfen, stachel-spitzigen Zähnen. Höhe 1—3 dm. Nur im südlichen Deutschland und in den Alpen, an Felsen; selten. 9.

Fiedern mit allmählich auslaufender, meist schwänzchenartig aufgebogener Spitze. Fiederchen zahlreich, sehr dicht gestellt, kurz zugespitzt, mit nur zugespitzten und zugeneigten Zähnen. Sporenhäufchen oval. Höhe der ganzen Pflanze 0,3—1 m, Breite etwa 2 dm. — In Gebirgen wie im Flachlande in schattig feuchten Wäldern und an Bachufern überall gemein. Siehe die Gattung Athyrium.

9. Wedel sehr schlank, etwa 1—3 dm lang (sammt Stiel), 2—4 cm breit; die unteren Fiedern sehr weitläufig gestellt und meist sehr klein. Fiedern eilänglich, wechselständig; Fiederchen sitzend, rhombisch-eirundlich, mit 2—3 breiten eckigen Zähnen. Fruchthäufchen kurz-linealisch, bald zusammenfließend die ganze Unterseite überziehend. — Vielfach an unzugänglichen Stellen büschelig in feuchten Felsspalten, in den Alpen, die nördlichste Grenze im Jura erreichend. A. fontanum Bernh.

— von gleicher Höhe als beim vorigen, aber breiter. Die unteren Fiedern nicht auffällig entfernt von einander und nicht zu klein werdend, die untersten meist noch 1 cm lang. Fiederchen eckig-gezähnt, eiförmig, mit stielförmig zusammengezogenem Grunde. Fruchthäufchen lang (nicht wie bei dem vorigen aus den Winkel der Adern entspringend). — In den Alpen, stellenweise auch in Süddeutschland (Vogesen, Pfalz, bei Fischbach und Steinbach, zwischen Bitsch und Weißenburg); selten A. lanceolatum Huds.

14. Athyrium Roth., Weibsfarn.

Wedel doppelt gefiedert (die Fiedern oft so dicht über einander, daß sie sich berühren), von derben, bräunlichen trockenhäutigen Spreublättchen bekleideter Stiel, welcher aus einem kurzen schwarzbraunen aufsteigenden Wurzelstocke sprießt, der mit Wurzelfasern reichlich besetzt ist. Die Fiedern mit allmälig verdünnter und meist schwänzchenartig aufgebogener Spitze. Fiederchen zahlreich, sehr dicht gestellt, mit zugespitzten und zugeneigten Zähnen. (Diese beachte man besonders zur Unterscheidung dieser Gattung von Aspidium filix mas). Sporenhäutchen länglich-eiförmig; Sporen eiförmig. Höhe der ganzen Pflanze 0,3—1 m, Breite der Wedel etwa 2 dm. — In Gebirgen sowie im Flachlande allerorten gemein in schattig-feuchten Wäldern, an Gräben und Bachufern u. s. w.

Da diese Gattung in Größe und Form der Wedel, ebenso in der Berandung der Fiederchen mannigfach variirt und außerdem mit mehreren Aspidium-Arten habituelle Aehnlichkeit hat: so möge der Anfänger sich mit allen den Abweichungen, welche durch den Standort bedingt sind, recht vertraut machen und besonders das im jüngeren Zustande oft sehr ähnliche Aspidium filix mas auf den ersten Blick davon unterscheiden lernen. (Asplenium Filix femina Bernh.) A. Filix femina Roth.

15. Aspidium Sw., Schildfarn.

Ueberaus regelmäßig gefiederte, schlanke, hohe Wedel, welche meist zu trichterförmigen Büscheln gruppirt die Waldgründe, Erlenbrüche und lichten Gebüsche durchstehen oder die Bachufer säumen. Einige gehören zu den auch im Flachlande gemeinsten Farnen. — Diejenigen Arten, bei denen das Schleierchen der Fruchthäufchen nierenförmig ist (Filix mas cristatum, spinulosum, Thelypteris, Oreopteris) haben manche Autoren als die besondere Gattung Polystichum ausgeschieden; bei den übrigen ist das Schleierchen ungerandet-kreisrund.

1. Fiederchen ganzrandig, Wedel dünn und verwelklich, angenehm gelbgrün, Stiel meist kahl. Fruchthäufchen klein (kaum bis 1 mm breit), fast schleierlos, randständig. 2.
— mit gesägtem oder gezähntem Rande; Wedel derb und dauerhaft, Stiel abwärts mit Spreuschuppen bekleidet. Fruchthäufchen groß (1—3 mm breit), seitlich der Mittelrippe. 3.

2. Wurzelstock wagerecht kriechend, nur 2—4 mm dick, schwarzbraun, kahl und glatt; Stiel fast kahl (nur mit schwächlichen Schüppchen) und glatt, grün, abwärts häufig schwarzbraun, kaum über 1 mm dick. Wedel im Umrisse lanzettlich oder dreieckig, hellgrün oder gelbgrün, doppeltgefiedert, aber die Fiederchen sind nicht bis auf den Grund getrennt. Fiedern gegenständig, spitz auslaufend, nicht sehr dicht gestellt; Fiederchen dreieckig-lanzettlich, stumpf-zugespitzt, ganzrandig, die längsten etwa 1 cm lang. An den fruchtenden Wedeln sind die Fiederchen zugespitzt, schmäler, fast sichelförmig, mit zurückge-

schlagenem Rande. Fruchthäufchen zwischen Mittelader und Rand der Fiederchen (dem Rande näher), dicht gestellt, später meist zusammenfließend; Schleierchen nierenförmig, schmal, dünn, sehr vergänglich (so daß die Fruchthäufchen sehr bald nackt erscheinen, weshalb diese Art von manchen Autoren zu Polypodium gezählt wird). Höhe 2—5 dm, Breite der Wedel etwa handbreit. — In Erlenbrüchen, aber auch an andern sumpfigen oder quelligen Waldstellen und Grabenrändern. Im Gebirge wie nicht minder im Flachlande überall ziemlich häufig. Nicht immer fruchtend. Sonnenfarn, A. Thelypteris Sw.

Wedel lanzettlich, doppelt gefiedert, mit aufwärts ziemlich dicht, dagegen abwärts auffällig entfernt gestellten und abwärts auch allmälig und sehr verkleinerten Fiedern, so daß besonders die untersten Fiedern nur wenige cm lang und von kurzovaler oder rundlich-dreieckiger Form sind; die oberen Fiedern sind lang-lanzettlich Fiederchen langrund, stumpf, ganzrandig und zum ganz besonders bedeutsamen Unterschiede von der vorigen Art (deren Fiederchen auf ihrer Unterseite nackt und kahl sind) auf der Unterseite mit vielen gelblichen Drüsenhaaren besetzt, welche einen wohlriechenden Stoff enthalten, so daß die Hand, mit welcher man den Wedel einmal streicht oder reibt, gleich diesem selbst überaus angenehm duftet. Im Gebirge wie im Flachlande, in Wäldern und an schattigen Bächen; nirgends allzu häufig, in vielen Gegenden ziemlich selten. Bergfarn A. Oreopteris Sw.

3. Wedel im Umrisse schmal-lanzettlich (auch abwärts spitz zulaufend), völlig einfach-gefiedert, die Fiedern durchweg scharf gesägt. Fiedern dicht gestellt, rechtwinkelig abstehend, breit-sichelförmig, scharf zugespitzt, am oberen Grunde mit einer öhrchenartigen Ausreckung, mit plötzlich kurzstielig-zusammengezogenem Grunde der Wedelspindel ansitzend. Fruchthäufchen später zusammenfließend. Höhe 2—4 dm, Breite etwa 3—4 cm. In den norddeutschen Gebirgen (Harz) sehr zerstreut und selten, in den mittel- und besonders den süddeutschen Gebirgen (Vogelsberg in Hessen, Riesengebirge, mährisches Gesenke) und den Alpen ziemlich häufig. A. Lonchitis Sw.

— doppelt- bis dreifach-gefiedert. 4.

4. Die untersten Fiedern sind am längsten oder doch gegen die über ihnen befindlichen nur wenig verkürzt. 5.

Die Fiedern nehmen etwa von der Mitte des Wedels nach abwärts allmälig an Länge ab, so daß die untersten kaum noch über 1 cm lang sind. 6.

5. Höhe 0,5—1 m. Wedel sehr ansehnlich, dreifach gefiedert, bildet oft fast ein gleichseitiges Dreieck, indem die untersten Fiedern die längsten sind und sämmtlich fast wagerecht abstehen; der Wedel nimmt nur etwa ⅔ der Spindel ein, welche sehr straff und derb, abwärts 0,5—8 mm dick ist. Fiederchen mit stachelspitzigen Sägezähnen. In schattig-feuchten Wäldern, besonders in Gebirgen ziemlich häufig. A. dilatatum Swartz.

Anm. Indem dieser Farn meist in reichlichen Büscheln beisammen steht, hat er durch Größe und hohe Bestielung der Wedel eine imposante, palmenartige Form.

Wedel im Umrisse eiläng lich oder fast dreieckig (nämlich die untersten Fiederpaare am längsten oder doch nicht sehr verkurzt), hell- oder dunkelgrün. Der Stiel derb, aber die Wedelspindel sehr biegsam, wenig straff; beide meist nur mit Spreuschuppen bekleidet. Fiedern meist etwas entfernt gestellt, ei-lanzettlich, in spitzem Winkel abstehend; Fiederchen länglich lanzettlich, mit herablaufendem Grunde, dornig-gezähnt, oft fiederspaltig oder gar wiederum gefiedert. Höhe 2—6 dm, Breite 6—10 cm. In Gebirgen wie im Flachlande allerorten gemein in Erlenbrüchen, weniger an andern feuchten Waldorten. A. spinulosum Sw.

Ein in Größe, Form, Fiederung und Bekleidung überaus variirender Farn. Als die häufigsten und bedeutendsten Abarten, deren von den Autoren gegen 20 dargelegt sind, seien folgende bezeichnet, die man auch schon als besondere Arten hat wollen gelten lassen:

uliginosum Wedel länglich, ei-lanzettlich; Fiederchen dicht gestellt, am Grunde breiter, die grundständigen auffällig kürzer als die nächstfolgenden; Zähne des Fiederchen anliegend, kurz.

muticum Fiederchen an ihrem Grunde verbunden, lineal-lanzettlich, abgestumpft, stumpf-gezähnt.

6. Fiedern mit einfacher Basis; Fiederchen mit kerbzähnigem und stachelspitzig gezähntem Rande. Schleierchen nierenförmig. 7.
— mit geöhrter Basis (indem je ihr hinterstes Fiederchen auffällig verlängert ist); Fiederchen stets scharf stachelspitzig gezähnt. Schleierchen kreisrund (indem es nicht seitlich sondern in seinem Centrum eingedrückt ist). 9.

7. Wedel kleiner als die folgenden, nur 2—4 dm lang, doppeltgefiedert, länglich lanzettlich, mit Drüsen besetzt, glanzlos, fast pergament- oder lederartig-steif und immergrün. Fiedern sehr genährt, mit oblongen, stumpfen Fiederchen, deren untere noch fiederspaltig sind, alle mit sehr kurzen scharfen Sägezähnen. Spindel

spreuschuppig. Fruchthäufchen mit dauerhaftem, nicht abfallendem Schleier. — In Gebirgen des westlichen und südlichen Gebiets, selten. A. rigidum Swartz.

Anm. Der Wedel hat, etwas gerieben, einen schwachen, aber angenehmen Geruch.

Wedel drüsenlos, wohl derb, aber nie pergamentartig-starr. 8.

8. Wedel schlank-lanzettlich, besonders abwärts allmälig verschmälert sowie abwärts mit auffällig entfernt gestellten Fiedern (die untersten breit-deltaförmig), aufwärts dicht gefiedert (mit schlank-lanzettlichen Fiedern), breiter, kurz zugespitzt; alle Fiedern etwas spitzwinkelig aufgerichtet oder aufgebogen, Fiederchen gedrängt, am Grunde mit einander verbunden, stumpf, mit stachelspitzigen Sägezähnen, welche meist aufgekrümmt sind. Stiel und Spindel sehr straff und steif-brüchig, dicht mit Spreublättern besetzt. Höhe 3—6 dm, größte Breite 5—8 cm. Ein durch die schlanke, ansehnliche, robuste Wedelform auffälliger Farn, welchen auch der Anfänger nicht übersehen und höchstens einen Augenblick etwa für A. oreopteris, Filix mas oder aculeatum halten kann. In Gebirgen wie im Flachlande, besonders in Erlenbrüchen, aber überall ziemlich selten. A. cristatum Sw.

Wedel im Umriß breit-lanzettlich, doppelt oder gar dreifach gefiedert, mit ziemlich dicht gestellten, wagerecht abstehenden Fiedern die unteren Fiedern nicht allzu sehr verkleinert und nicht auffällig entfernter gestellt, die untersten bei nur einigermaßen kräftigen Exemplaren immer noch über (oder weit über) 2 cm lang und eilanzettlich, meist etwas abwärts gerichtet. Fiedern lanzettlich oder ei-lanzettlich; Fiederchen langrund, oft mit zusammenfließendem Grunde, sehr stumpf, meist schwach gezähnt oder gekerbt, besonders an der Spitze etwas sägezähnig, oder auch wiederum fiederspaltig. Stiel und Spindel straff, holzig, aus dickem aber kurzem, niederliegendem, aber oft etwas aus dem Boden sich erhebendem Wurzelstock, welcher vordem gegen Wurmkrankheiten einzunehmen verordnet wurde, wovon der Farn selbst seinen Namen erhielt. Fruchthäufchen groß, an der Mittelrippe der Fiederchen. Höhe 0,4—1 m, Breite 2—3 dm. In Gebirgen wie im Flachlande allerorten in Wäldern, unter Gebüschen u. s. w.; stellenweise massenhaft und gemein oder sehr häufig, in andern Gegenden wenigstens etwas seltener und fast nirgends so häufig als Athyrium Filix femina, welches ähnliche stattliche, aber doch stets zarter gefiederte Wedel hat. — Vorzüglich betreffs der Berandung ist's ein sehr variabeler Farn gleich vielen der ihm anverwandten Arten. Der Anfänger geräth daher nicht selten in Zweifel beim Bestimmen; wenn er unfruchtbare Wedel vor sich hat, dürfte er besonders oft in die Lage kommen, dies Aspidium für Athyrium Filix femina zu halten. Aber abgesehen von den ja doch genugsam scharfen Sondercharakteren, welche in diesen Tabellen wohl genügend herausgestellt sind, ist's für den Geübteren leicht, auch nach dem oft mit Worten kaum wiederzugebenden ganzen Habitus den variirendsten Wedel sicher zu bestimmen **Wurmfarn.** A. Filix mas. Sw.

9. Wedel länglich-lanzettlich, bis 8 dm hoch, weichhäutig, nicht überwinternd (also nicht immergrün), oberseits mit einige mm langen, zerstreuten, schlaffen, grauen Haaren besetzt; Fiederzähne plötzlich in eine Granne ausgezogen. Wedelstiel nur 2—13 cm lang. Fruchthäufchen groß, mit zartem Schleier. In süddeutschen Gebirgen, selten (im Höllenthal bei Freiburg, im böhmischen Isargebirge, im österreichischen Schlesien, im schlesischen Eulengebirge, auch in der sächsischen Schweiz). A. Braunii Spenner.

— überwinternd immergrün, mit derben, lederigen, glänzenden, haarlosen Fiedern, bis 1 m hoch. 10.

10. Wedel abwärts stark verschmälert, Fiederchen mit dorniger Spitze und stachelig gesägtem Rande; Wedelstiel 6—20 cm lang. Fruchthäufchen mittelgroß, Schleier derb, bleibend. Sporen dunkelbraun. Ueberall in Deuschland in Haiden und Wäldern besonders der Gebirge, ziemlich selten. A. lobatum Sw.

var. angulare Metten, meist viel kleiner und zierlicher, aber mit etwas längerem Wedelstiel. Fruchthäufchen kleiner, Sporen gelbbraun.

— — wenig verschmälert, Zähne der Fiederchen in eine lange Granne auslaufend. Fruchthäufchen kleiner, mit zartem, vergänglichem Schleier. Ziemlich selten. (A. lobatum, subsp. aculeatum Milde.) A. aculeatum Sw.

16. Allosurus Bernh., Rollfarn.

In dichten, hellgrünen Büscheln wachsend, die unfruchtbaren Wedel die fruchtbaren umringend. Alle Wedel im Umrisse meist dreieckig, 2—3-fach gefiedert, mit wenigen Hauptfiedern. Unfruchtbare Wedel von petersilienblätterigem Aussehen, die Fiederchen, besonders dritter Ordnung, mit keilförmig verschmälertem Grunde, stumpf, gelappt, kaum 1 cm lang. Fruchtwedel mit elliptischen, stumpfen oder kurz zugespitzten, ganzrandigen Fiederchen dritter Ordnung; Fruchthäufchen lineal, auf den Queraderchen sitzend, später zusammenfließend und die ganze Unterseite überziehend, ohne Schleier, aber anfangs von den eingekrümmten Rändern der Fiederläppchen überdeckt. Stiel lang, dünn, kahl und glatt, entspringt aus einem spindelförmigen, senkrechten Wurzelstock.. — Höhe der ganzen Pflanze (mitsammt dem Stiel) 1—3 dm, Breite 3—8 cm. Auf den Alpen sehr verbreitet, hie und da auch auf mittel- und süddeutschen Gebirgen (in Rheinbaiern bei Gerardmer sowie bei auf dem Rotabak bei Hohneck, im Riesengebirge in den Schneegruben sowie im Riesengrund am Brunnenberg); Felsritzen, an Mauern und Geröll. Bergpetersilie. A. (Cryptogramma) crispus Bernh.

17. Notochlaena R. Brown, Wollfarn.

Wedel lineal, stumpf gespitzt, doppelt-gefiedert, mit dunkelgrüner Oberseite und rostgelb-wolliger oder vielmehr spreuschuppiger Unterseite; der randständigen Fruchthäufchen sind zwischen dieser zottigen Bekleidung fast ganz verdeckt. Spindel und Stiel glänzend dunkelbraun, mit weißlich-blassen, zarten, anliegenden Spreuschüppchen besetzt. Die ganze Pflanze 1—2 dm hoch, etwa 2—3 cm breit. Nur an den südlichen Abhängen der Alpen, büschelig in Felsritzen; aber auch da sehr selten. N. Marantae R. Brown.

18. Cheilanthes Sw., Schuppenfarn.

Wedel doppelt gefiedert, etwa 6 cm lang, Fiederchen länglich, stumpf, gekerbt-fiederspaltig; Stiel etwa 6 cm lang, dünn, braun, roth, dicht mit Spreuschuppen bekleidet. Fruchthäufchen rundlich, randständig, von dem zurückgeschlagenen und gewölbten Rande der Fiederchen bedeckt; Schleierchen schuppig, meist undeutlich; Sporen kugelrund, fast glatt. Von angenehmem Geruch. — In der südlichen Schweiz (im Vallée d'Aoste und bei Susa), bei Turin (Balbis); an sonnigen Felsen. Ch. odora Swartz.

19. Gymnogramma Desv., Nacktfarn.

Wedel länglich-eiförmig, 2—3-fach entfernt-gefiedert, und zwar sind die untersten Fiedern und Fiederchen am längsten; gelblich-grün, glatt, zart und verwelklich, nach der Fruchtreife im Sommer vergehend; Stiel glänzend schwarz- oder kastanienbraun, völlig nackt. Die untersten Fiedern und Fiederchen am längsten. Fiedern oval, stumpf, wechselständig, aufrecht-abstehend, die unteren kurz gestielt; Fiederchen oval, wechselständig, mit schief keilförmig zulaufendem Grunde, stumpf-dreilappiger (oder dreizähniger) Spitze. Die Adern der Fiederchen in deren drei Läppchen verlaufend; auf diesen Adern entlang sitzen die linearen Fruchthäufchen, welche später zusammenfließend die ganze Unterseite überziehen. Die ganze Pflanze etwa 1,5 dm hoch, Wedel etwa 4 cm breit; büschelig gehäuft, wobei die sterilen Wedel die etwas anders aussehenden Fruchtwedel rings umgeben. Nur an den südlichen Abhängen der Alpen (Tessin), in Felsritzen; nicht häufig. G. leptophyllum Desv.

20. Polypodium L., Engelsüß.

1. Wedel von lanzettlichem Umrisse, 2—5 dm lang, mit bis 1/3 oder 1/2 nacktem grünlichem oder gelblichem Stiel, welcher aus einem kriechenden, dicht mit braunen Streuschuppen besetzten Wurzelstock sprießt; einfach gefiedert oder vielmehr einfach-fiederspaltig, mit wechselständigen Fiedern. Die Fiedern derb, meist grau- oder gelblich-grün, lanzettlich, meist stumpf, entweder ganzrandig oder gekerbt oder gesägt oder nur etwas fiederspaltig; die untersten (etwa 4) Fiederpaare sind gleichlang, die Fiedern also abwärts am Stiele nicht wieder kleiner werdend. Fruchthäufchen groß (1—2 mm breit), nackt, auf der Mitte der Queräderchen sitzend, zu beiden Seiten der Fiederrippe malerisch gereiht, im Alter sich verbreiternd, aber nie sich vereinigend. — In Gebirgen gemein, meist in geringer Anzahl truppweise gruppirt oder zerstreut in Felsritzen, an Gemäuer, aber ebenso häufig an steinigten schattigen Abhängen, waldigen Hohlwegen; in der Ebene ziemlich selten, daselbst besonders an Waldsäumen und steinigten Hügeln. Erscheint im April und reift seine Früchte vom Mai an, meist auch den Winter überdauernd. Engelsüß. P. vulgare L.

var. sinuata mit buchtig gezähnten Fiedern,
var. bipinnatifida mit fiederspaltigen Fiedern,
var. aurita die unteren Fiedern an ihrem Grunde geöhrt.

21. Phegopteris, Tüpfelfarn.

Eine auch im Flachlande reichlich vertretene Gattung. Fruchthäufchen nackt (schleierlos), entspringen auf der Mitte oder gegen das Ende der Queradern.

1. Wedel regulär doppelt gefiedert (durchaus nicht 3-theilig). 2.
— 3 theilig zusammengesetzt, mit deltaförmigem (fast gleichseitig-dreieckigem) Umrisse. 3.

2. Alle Fiedern gleichgerichtet, fast wagerecht-abstehend (das unterste Fiederpaar durchaus nicht abwärts gerichtet). Wedel viel länger als der Stiel. Siehe die Gattung Aspidium.

Wedel mit dreieckigem Umrisse, indem die Fiederpaare von der Spitze des Wedels nach abwärts länger werden, aber charakteristisch ist das allerunterste Fiederpaar wieder verkürzt und zugleich schwalbenschwanzartig etwas abwärts gerichtet. Die Fiedern lanzettlich, spitz auslaufend, sie sind tief (fast bis auf den Grund) fiederspaltig, so daß der Wedel doppeltgefiedert genannt werden kann; die Fiederchen sind gestreckt, stumpf. Fruchthäufchen klein, fast am Rande der Fiederchen. Die Wedel sind etwa handbreit und 1—1,5 dm hoch, von trübgrüner Farbe und mit spreuartigen kurzen Härchen zart besetzt, ihr gleichlanger oder meist noch längerer Stiel, welcher nur am Grunde mit länglichen Spreublättern besetzt ist, sprießt aus einem kriechenden verästelten, fast nackten Wurzelstock. In fast allen deutschen Gebirgen nicht selten; es wächst daselbst als kaum fußhohe, dunkel- oder trübgrüne spärliche Büschel oder herdenartig zerstreut auf lockerer Walderde zwischen schattigem Steingeröll, an Hohlwegen, an Felsen und Gemäuer; kommt auch im Flachlande vor, aber daselbst doch sehr selten. **Buchen-Tüpfelfarn.** (Polypodium Phegopteris L.) Phegopteris polypodiodes Fée.

3. Gelblichgrüne oder freudig-grüne, fast zarte Wedel, welche so breit als lang (etwa 1 dm) sind, auf gleichhohem oder höherem, glänzendem, kahlem (nur am Grunde mit einigen Spreublättchen besetzten), gelblichem oder bräunlichem Stiele, welcher aus einem dünnen, kriechenden, verzweigten Wurzelstock entspringt; Wedel sammt Stiel meist kaum 2 dm hoch. Der Wedel besteht aus drei fast gleichartigen Haupttheilen, welche kleeblattartig zu einander gestellt sind; jeder dieser drei Theile ist doppelt gefiedert. Deren Fiedern sind gegenständig, ei-lanzettlich, zugespitzt; die Fiederchen sind zungenförmig, etwas gekerbt. Fruchthäufchen klein, dem Rande der Fiederchen genähert. Fruchtreife von Anfang Sommer an. In Gebirgen sowie im Flachlande sehr häufig. In feuchten Laub- sowie Nadelwäldern in Erlenbrüchen, aber auch zwischen Geröll und an Felsen, meist truppweise geordnet. **Eichen-Tüpfelfarn.** (Polypodium Dryopteris). Phegopteris Dryopteris Fée.

Dunkler grüne, etwas robustere und meist auch größere Wedel. Spindel und Rippen der Wedeltheile mit kurzen Härchen weich bekleidet (während bei dem vorigen völlig nackt). Fiedern wechselständig und etwas stärker aufgerichtet. Im Uebrigen, besonders in der Totalform mit der vorigen Art fast übereinstimmend. Vorzüglich dem Gebirge angehörig, wo es meist büschelig oder in herdenartiger Zerstreuung besonders an kalkigen Felsen, Mauern und auf schattig-feuchtem Geröll nicht selten vorkommt. **Storchschnabel-Tüpfelfarn.** (Polypodium Robertianum Hoffm., P. calcareum Sm). Phegopteris Robertiana A. Br.

IV.

Wurzelfrüchtler.

(Wasserfarn.)

1. Salvinia Michel., Salvinie, Wasserspor.

Schwimmendes Wassergewächs, welches durchaus nicht am Boden wurzelt. Stengel der Länge nach schwimmend, mehrere cm lang, fiederig beblättert. Die Blätter hellgrün, lederhäutig, länglich-eiförmig, mit eingedrückter breiter Spitze, 1—2 cm lang, ganzrandig, von schachbrettartig geordneten Wärzchen rauh; flach auf dem Wasser ausgebreitet, an ihrem Grunde je ein haarförmig-zerschlitztes langes Fruchtblatt, welches man gern für Wurzelfasern halten möchte. An der Basis dieser Fruchtblätter sitzen die pfefferkorngroßen gelbbraunen rauhaarigen Fruchtkapseln zu 4—8 geknäuelt beisammen, welche 4-fächerig sind und bei der Reife 4-lappig aufplatzen: die einen Makrosporen, die anderen Mikrosporen enthaltend. In Sumpflachen, seichten Waldteichen, am Rande stagnirender oder langsam fließender seichter Gewässer, daselbst fast stets in Gesellschaft von Wasserlinsen und besonders von Riccia natans; überall ziemlich selten, aber kaum in einem Gebiete gänzlich fehlend. Fruchtreife zum Herbst. S. natans Michel.

2. Marsilea L., Kleefarn.

Stengel langhin kriechend, 1—2 dm lang gestielte 4-blätterige Blätter aussehend, welche durch ihre Form an Oxalis erinnern; am Grunde des Blattstieles sitzen gestielt einzeln oder gepaart, die kahlen eiförmigen dunkelbraunen Fruchtkapseln, welche mehrfächerig sind und zweispaltig aufplatzen. — In Sümpfen und stagnirenden Gewässern. Sehr selten; nur in Süddeutschland, in Schlesien und im Rheingebiet, in der Schweiz (Bonfot, Tessin, Villeneuve). Fruchtreife im Juli, August. M. quadrifolia L..

3. Pilularia L., Pillenkraut, Pillenfarn.

An oder im Wasser wachsende Pflänzchen, deren fadenförmiger Stengel auf dem Wassergrunde wurzelnd weithin kriecht und aufrecht derbe glatte und glänzende pfriemliche (binsen- oder schnittlauchartige, innen hohle), lebhaft grüne Blätter aussendet, welche in der Jugend lockig eingerollt sich bald gerade strecken und 3—10 cm lang werden. An ihrem Grunde bilden sich sehr kurz gestielte lederhäutige Sporenfrüchte, welche pfefferkorn- bis erbsengroß werden, kugelrund, braun und rauh-behaart sind; bei der Reife springen sie in vier Lappen auf und schütten aus ihrem 4-fächerigen Innern eiförmige zahlreiche kleine Mikrosporen und einige größere Makrosporen aus, welche letztere im unteren Raum der Fruchtkapseln sich befinden. — An seichten Rändern von Teichen und Wasserlachen, wo die Pflänzchen zeitweilig unter Wasser zu stehen kommen; zuweilen trifft man sie auch völlig unter Wasser wachsend, besonders im Winter sind sie fast stets unter Wasser gesetzt. In Deutschland nur hie und da, besonders in den nördlichen, mittleren und westlichen Theilen: in Schlesien (Kaiserswaldau bei Bunzlau), in der Lausitz, am Rhein (von Bonn abwärts), in Westphalen massenhaft an den Fürstenteichen bei Telgte; in der Schweiz an mehreren Orten. Fruchtreife zum Herbst. P. globulifera L.

Systematische Uebersicht der Gefäßkryptogamen.

I Ordnung: **Schachtelhalme.** (Equisetaceae).

Fam. 1. **Equiseteen:**
Equisetium.

II. Ordnung: **Bärlappgewächse.** (Lycopodiaceae).

Fam. 2. **Lycopodieen:**
Lycopodium,
Selaginella.

Fam. 3. **Isoëteen:**
Isoëtes.

III. Ordnung: **Farne.** (Filices).

A. Unechte Farne: Fruchtbüchse ohne elastischen Ring.

Fam. 4. **Ophioglosseen:**
Ophioglossum,
Botrychium.

Fam. 5. **Osmundaceen:**
Osmunda.

B. Echte Farne: Früchtbüchsen mit elastischem Ring.

Fam. 6. **Hymenophylleen:**
Hymenophyllum.

Fam. 7. **Polypodiaceen:**

a) Fruchthäufchen mit Hülle oder Schleier.
Woodisia,
Cystopteris,
Adiantum,
Pteris,

Struthiopteris,
Blechnum,
Scolopendrium,
Ceterach,
Asplenium,
Athyrium,
Aspidium.

b) Fruchthäufchen nackt.
Allosurus,
Notochlaena,
Cheilanthes,
Gymnogramma,
Polypodium,
Phegopteris.

IV. Ordnung: **Wurzelfrüchtler.** (Rhizocarpeae).

Fam. 8. **Hydropterideae:**
Pilularia,
Marsilea.
Salvinia.

Erklärung der Abbildungen.

1. Equisetum palustre.
   a) Halm (Schaft) und Fruchtzapfen.
   b) Gestieltes fruchtsacktragendes Schildchen des Fruchtzapfens (etwas vergrößert).
   c) Querschnitt eines Fruchtzapfens (etwas vergrößert).
   d) Spore mit zusammengewickelten Schleudern (mikroskopisch vergrößert).
   e) — — ausgerollten Sporen (mikroskopisch vergrößert).
2. Lycopodium

A. L. clavatum.

   a) Stengel und Fruchtähre.
   b) Fruchtschuppe der Aehre (etwas vergrößert).
   c) Spore (mikroskopisch vergrößert),

B. L. complanatum.

   a) Stengelstückchen (wenig vergrößert).
3. Selaginella helvetica.
   a) Pflanze in natürlicher Größe.
   b) Fruchtschuppe (der Aehre) mit mikrosporigiger Frucht (vergrößert, die beistehenden Sporen mikroskopisch vergrößert).
   c) — — — — makrosporiger Frucht (vergrößert, die beistehenden Sporen mikroskopisch vergrößert).
   d) Stengel mit Beblätterung (unbedeutend vergrößert).
4. Isoëtes lacustris.
   a) Pflanze in natürlicher Größe.
   b) Blattgrund mit Fruchtsack (vergrößert).
   c) Makrosporige Frucht (vergrößert).
5. Entwickelungsgeschichte eines Farn.
   a) Anfänge des Vorkeims (mikroskopisch vergrößert).
   b) Vorkeim.

c) Vorkeim mit dem ersten Wedel.
d) — — den zwei ersten Wedeln.

6. Am Vorkeim befindliche Organe.
a) Antheridie (mikroskopisch vergrößert).
b) Spermatozoidenbläschen (mikroskopisch vergrößert).
c) Spermatozoid (stark mikroskopisch vergrößert),
d) Archegonium, geschlossenes (mikroskopisch vergrößert).
e) — für die Befruchtung geöffnet (mikroskopisch vergrößert).
f) Aus der basilären Mutterzelle des Archegonium entwickelter Farn keim (mikroskopisch vergrößert).

7. Fruchthäufchen eines Farnwedels (schwach mikroskopisch vergrößert).
8. Ophioglossum vulgatum.
9. Botrychium Lunaria.
10. Osmunda regalis, Fiederchen des Wedels (etwas verkleinert).
11. Hymenophyllum.
a) Pflanze in natürlicher Größe.
b) Fiedern mit Fruchtbecher (etwas vergrößert).
c) Inneres des Fruchtbechers.

12. Wimperschleier eines Fruchthäufchen von Woodsia ilvensis.
13. Fruchtfiderchen von Cystopteris.
13. Adiantum capillus Veneris.
a) Obere Theil eines Wedels in natürlicher Größe.
b) Fiederläppchen mit Früchten (vergrößert).

15. Fruchtfiederchen von Pteris aquilina.
16. Blechnum Spicant.
a) Fruchtfieder.
b) Ein Querstück davon (vergrößert).

17. Asplenium, Pflanze in natürlicher Größe.
a) A. septentrionale.
b) A. Ruta muraria.

18. Fruchtfiedern von Asplenium.
19. Fruchtfiederchen von Aspidium.
20. Allosurus crispus.
a) Steriler Fiederzweig (natürliche Größe).
b) Fruchtender Fiederzweig (natürliche Größe).
c) Fruchtendes Fiederchen (vergrößert).
d) Aufgerolltes Frucht-Fiederchenstück.

21. Gymnogramma lepthophyllum.
a) Fiederzweig (wenig vergrößert).
b) Fiederchen (stärker vergrößert).

22. Fiederstückchen von Polypodium (etwas vergrößert).

23. Pilularia globulifera.
   a) Pflanze in natürlicher Größe.
   b) Geöffnete Frucht (etwas vergrößert).

24. Marsilea quadrifolia.
   a) Pflanze in natürliche Größe.
   b) Halbirte Frucht (etwas vergrößert).

25. Salvinia natans.
   a) Pflanze in natürlicher Größe.
   b) Frucht (vergrößert).
   c) Längsdurchschnitt einer makrosporigen Frucht (vergrößert).
   d) — — mikrosporigen Frucht (vergrößert).

Register der lateinischen Namen.

Lebermoose.

Register der Gattungen.

Register der Arten.

Gefäßkryptogamen.

Lebermoose.

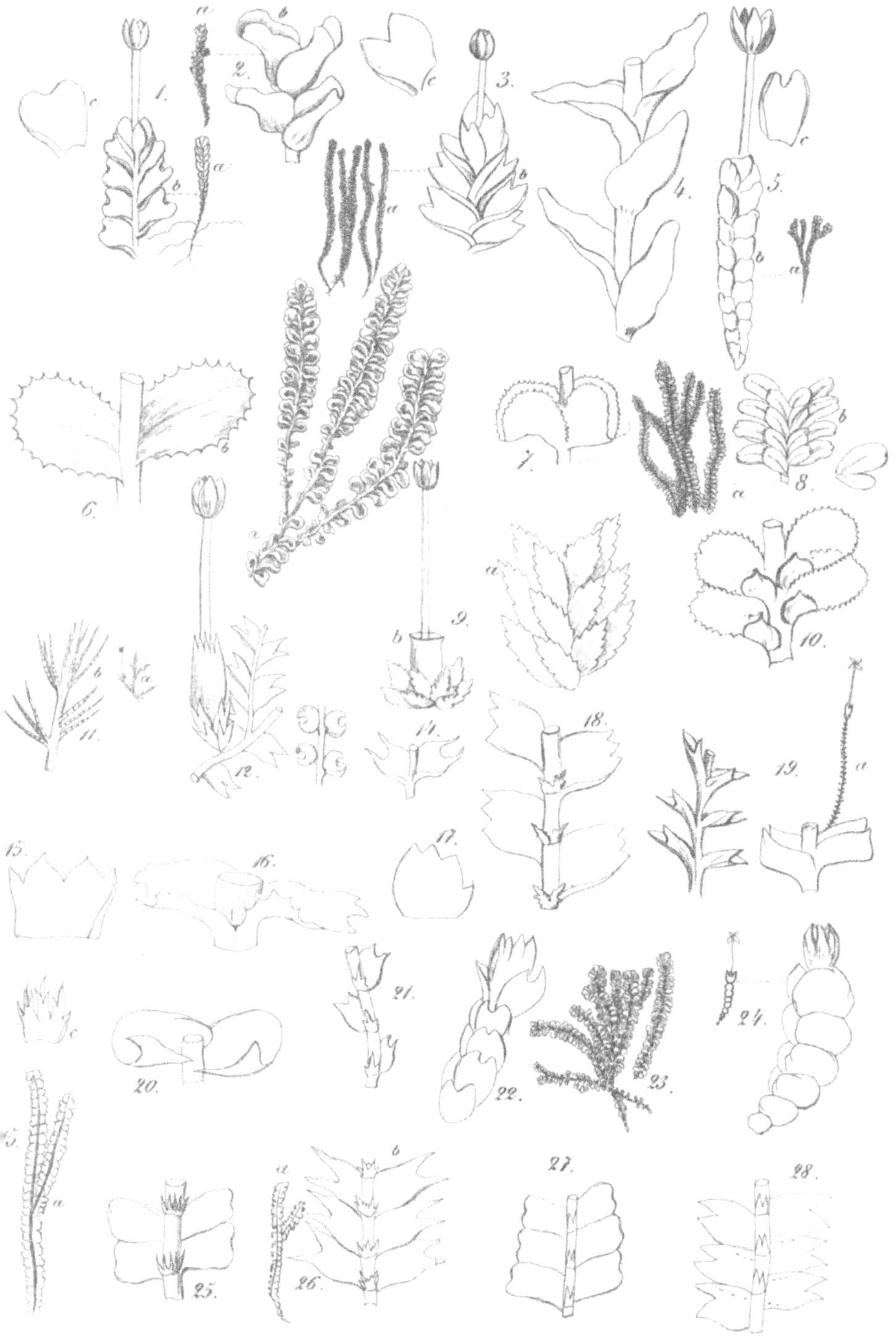

Taf. II.

Taf. III.

40.
41.
a.
b.
42.
43.
44.
45.
46.
47.
a.
b.
c.
48.
a.
b.
c.
d.
49.
a.
b.
c.
50
a.
b.
c.
51.
a.
b.
52.
a.
b.
53.
A.
a.
b
B.
54.
55.
56.
57.
58.
a
b.

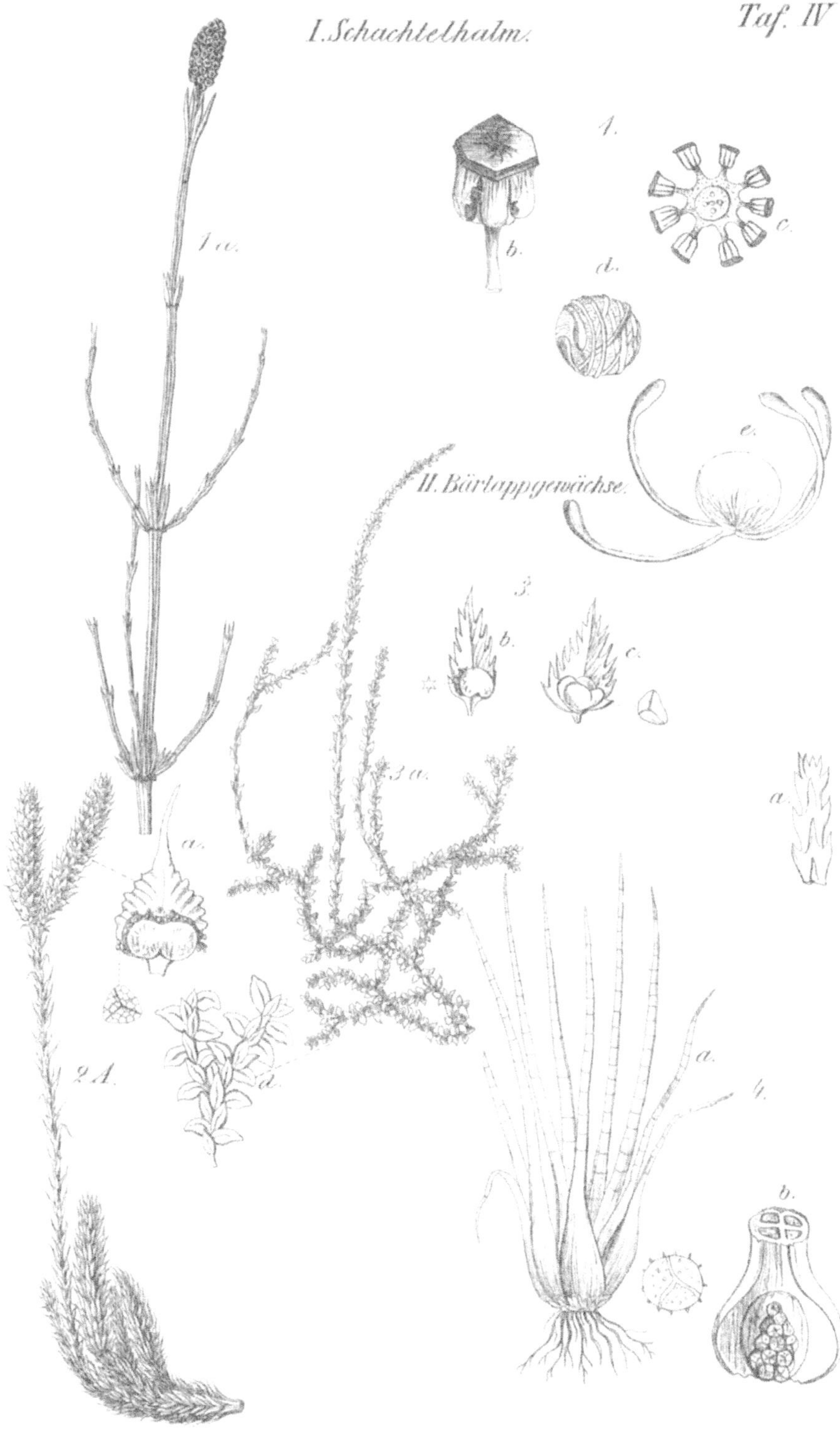
I. Schachtelhalm.
II. Bärlappgewächse
1.
1 a.
b.
c.
d.
e.
2 A.
a.
d.
3.
3 a.
b.
c.
a.
4.
a.
b.

5.
6.
7.
8.
9.
10.
11.

Taf. VI.

IV. Wurzelfrüchtler.

23.

24.

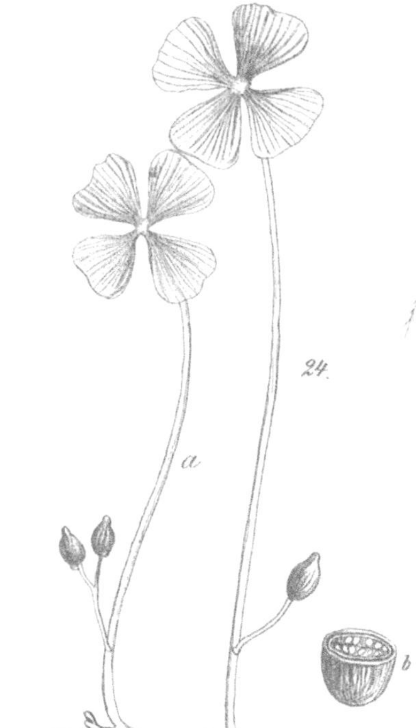

25.

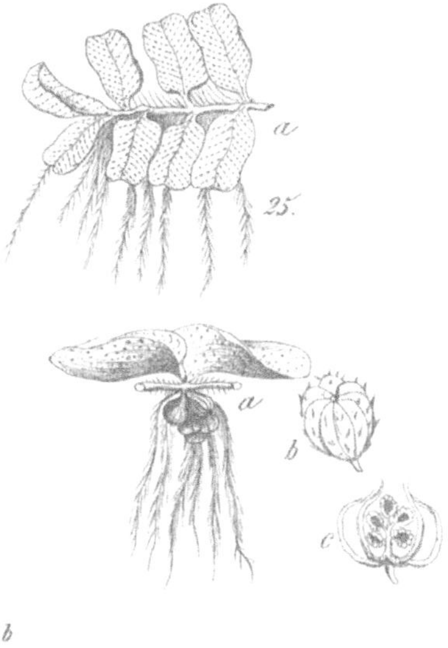

GPSR Compliance

The European Union's (EU) General Product Safety Regulation (GPSR) is a set of rules that requires consumer products to be safe and our obligations to ensure this.

If you have any concerns about our products, you can contact us on ProductSafety@springernature.com

In case Publisher is established outside the EU, the EU authorized representative is:

Springer Nature Customer Service Center GmbH
Europaplatz 3
69115 Heidelberg, Germany

Batch number: 10844623

Printed by Printforce, the Netherlands